全国高职高专规划教材
新型活页式立体化教材

水环境监测项目训练

（第二版）

刘艳霖　主　编

中国环境出版集团·北京

图书在版编目（CIP）数据

水环境监测项目训练/刘艳霖主编. —2 版. —北京：中国环境出版集团，2023.1

全国高职高专规划教材 新型活页式立体化教材

ISBN 978-7-5111-5426-2

Ⅰ. ①水… Ⅱ. ①刘… Ⅲ. ①水环境—环境监测—高等职业教育—教材 Ⅳ. ①X832

中国版本图书馆 CIP 数据核字（2023）第 015107 号

出 版 人 武德凯
责任编辑 侯华华
封面设计 宋 瑞

出版发行 中国环境出版集团
（100062 北京市东城区广渠门内大街 16 号）
网 址：http://www.cesp.com.cn
电子邮箱：bjgl@cesp.com.cn
联系电话：010-67112765（编辑管理部）
010-67112735（第一分社）
发行热线：010-67125803，010-67113405（传真）

印 刷 玖龙（天津）印刷有限公司
经 销 各地新华书店
版 次 2015 年 8 月第 1 版 2023 年 1 月第 2 版
印 次 2023 年 1 月第 1 次印刷
开 本 787×1092 1/16
印 张 16
字 数 384 千字
定 价 64.00 元

编 委 会

主　编　刘艳霖（深圳信息职业技术学院）

副主编　朱　睿（深圳信息职业技术学院）

曾　杰（深圳澳洁源环保科技有限公司）

成　员　罗茂林（深圳澳洁源环保科技有限公司）

李谢玲（重庆工程职业技术学院）

王晓丽［苏伊士环境检测技术（广州）有限公司］

黄奕崇（深圳信息职业技术学院）

陈　辉（广东环保职业技术学校）

钟锦星（深圳建研检测有限公司）

王桂霞（深圳高迪科技有限公司）

前　言

水环境监测是水环境保护工作的重要基础，对我国实现水资源可持续发展、促进经济发展、保护水环境质量具有积极和重要的作用。

为切实做好水环境监测人才队伍的培养，基于高职高专学生的特点，本书在第一版的基础上，精选了 20 个水环境监测中的基本项目，依据生态环境部的最新标准和方法，详细介绍了每个监测项目的分析方法，并将实验步骤以流程图的形式直观展示，符合学生的学习需求。每一个实验都附有详细的操作规范，力求学生操作技能的全面提高，毕业后能够迅速从事水环境监测一线工作。书中配有二维码，提供电子学习资源，更加符合现代学习需求。

本书由深圳信息职业技术学院刘艳霖、朱睿、黄奕崇，深圳澳洁源环保科技有限公司曾杰、罗茂林，重庆工程职业技术学院李谢玲，苏伊士环境检测技术（广州）有限公司王晓丽，广东环保职业技术学校陈辉，深圳建研检测有限公司钟锦星，深圳高迪科技有限公司王桂霞编写。刘艳霖担任主编，负责本书的统稿、定稿，朱睿、曾杰担任副主编，负责统稿、校对。在本书的编写过程中，环境监测一线人员给予了宝贵的建议和帮助，在此表示衷心的感谢。也对参加本次电子资源拍摄的幸嘉瑜、路艳开、蔡舒欣、温福珠表示感谢。

本书涉及面广，限于编者的水平，书中的错误和疏漏在所难免，敬请各位专家和读者指正，便于我们后期不断地修订、完善。

（课件申请邮箱：28081131@qq.com）

编　者

2022 年 12 月 20 日

目　录

认 识 水

一、水资源

水是人类及其他生物繁衍生存的基本条件，是人们生活不可替代的重要资源，是生态环境中最活跃、影响最广泛的因素，具有许多独特的性能和多重使用功能，是工农业生产的重要资源。

全球水资源约 139 万亿 m^3，其中 97.3%是咸水，2.7%是淡水。淡水中有 69%以冰雪的形式存在或作为冰帽集中在南北极的高山上难以开发利用。地球上只有不到 1%的淡水或约 0.007%的水可被人类直接利用。水的数量虽在一定时期内是保持平衡的，但在一定的时间和空间内又是非常有限的。目前，世界上已有出现水危机的国家。联合国已发出警告："水将成为一种严重的社会危机。"水资源已成为一个国家和地区持续发展所需的非常稀缺的资源。现在世界上约 2/3 的国家面临着不同程度的水危机。

2021 年 3 月联合国发布的《世界水发展报告》显示，全球 2/5 的人口缺少生活用水，近 40 亿人在一年中至少有一个月面临严重缺水，21 亿人被迫饮用被污染的水，80%的污水未经处理就直接排放，1990 年以来全球最具破坏性的 1 000 起自然灾害中有 90%与水有关。该报告认为，对水的价值缺乏认知是导致水被浪费和滥用的主要原因。当水资源短缺时，社会面临多种挑战，并可能演变为全球性危机。

2022 年 3 月 21 日第九届世界水论坛以"水安全促进和平与发展"为主题，呼吁国际社会继续关注水问题，强调节约水资源的重要性。水安全关系到全球数十亿人的生命与健康，也是维护国际和平与安全的重要问题。国际社会应致力于缓解与水有关的紧张局势和促进全球和谐共获水资源，而且迫切需要在三个方面采取行动：一是进一步鼓励跨境流域协调管理，防止冲突风险；二是继续建立有效和公平的监管体系，水不能被简单地视为一种经济财富；三是通过废水处理与回收，进一步促进循环经济，以减少废水对环境和健康的影响，同时刺激创新经济发展。

我国是一个水资源十分短缺的国家，人均水资源量仅占世界平均水平的 1/4。水资源地区分布很不均衡，长江流域及其以南地区，国土面积只占全国的 36.5%，其水资源量占全国的 81%；而长江以北地区，国土面积占全国的 63.5%，水资源量仅占全国的 19%。水土资源不相匹配，生态环境相对脆弱。我国地域广阔，南北跨度极大，远距离调水的难度可想而知。《中华人民共和国 2021 年国民经济和社会发展统计公报》显示，我国全年水资源总量 29 520 亿 m^3。全年总用水量 5 921 亿 m^3，比上年增长 1.9%。其中，生活用水增长 5.3%，工业用水增长 2.0%，农业用水增长 0.9%，人工生态环境补水增长 2.9%。万元国内生产总值用水量为 54 m^3，下降 5.8%。万元工业增加值用水量 31 m^3，下降 7.0%。人均用水量 419 m^3，增长 1.8%。2022 年生态环境部公布上半年全国地表水环境质量状况，3 641 个国家地表水考核断面中，水质优良（Ⅰ～Ⅲ类）断面比例为 85.7%，劣Ⅴ类断面比例为 1.1%。

二、水环境及相关术语

①水环境：围绕人群空间及可直接或间接影响人类生活和发展的水体及其正常功能的各种自然因素和有关的社会因素的总体。水环境主要由地表水环境和地下水环境两部分组成。水环境是构成环境的基本要素之一，是人类社会赖以生存和发展的最重要的场所，也是受人类影响和破坏最严重的地域。

②水环境质量：水环境对人群的生存和繁衍以及社会经济发展的适宜程度，通常指水环境遭受污染的程度。

③水环境保护标准：在一定时期和地区，根据一定水环境质量保护目标，由政府制定的对水环境管理的规定，包括水环境质量标准、水污染物排放标准等。

④水环境质量标准：为保护人群健康和社会物质财富、维持生态平衡，由政府制定的限定水体中有害物质或因素的标准，包括《农田灌溉水质标准》《渔业水质标准》《地表水环境质量标准》等。

⑤水环境监测：按照水的循环规律（降水、地表水和地下水）对水的质和量以及水体中影响生态与环境质量的各种人为和天然因素所进行的统一的定时或随时检测。

⑥水污染：由于人为或天然因素，污染物进入水体，引起水质下降，使水的使用价值降低或正常功能丧失的现象。

⑦水环境容量：在人类生产、生存和自然生态不致受害的前提下，水体所能容纳污染物的最大负荷量。

⑧水体的自净作用：当污染物进入水体后，随水稀释的同时发生挥发、絮凝、水解、络合、氧化还原及微生物降解等物理、化学变化和生物转化过程，使污染物的浓度降低或至无害化的过程。水体的自净能力决定着其环境容量。

实 训 篇

项目 1　地表水样品的采集
——以氨氮水样为例

实训目标

- **能力（技能）目标**

①掌握水质样品的采样方法。
②掌握妥善运输和保存样品的方法。
③正确填写采样记录表和采样标签。

- **认知（知识）目标**

①掌握布设监测点的原则。
②掌握各检测项目要求的样品保存方法。
③掌握采样过程中的注意事项。

- **其他（素质）目标**

①培养良好的团队协作精神。
②培养良好的计划组织能力。
③培养良好的职业道德、工作态度和责任感。
④遵守环境保护规定。

能力训练任务

①阅读样品检测委托协议。
②采样前的准备工作。
③样品的采集。
④记录表和标签的填写。
⑤样品的运输。
⑥样品的保存。
⑦报告编制。

项目 1
讲解与示范

1.1 接受任务

填写委托检测协议（表 1-1）。

表 1-1 委托检测协议

<table>
<tr><td rowspan="4">委托单位信息</td><td colspan="5">名称：</td></tr>
<tr><td colspan="5">地址：</td></tr>
<tr><td colspan="3">联系人：</td><td colspan="2">联系电话：</td></tr>
<tr><td colspan="3">传真：</td><td colspan="2">电子邮箱：</td></tr>
<tr><td rowspan="4">受理单位信息</td><td colspan="5">名称：</td></tr>
<tr><td colspan="5">地址：</td></tr>
<tr><td colspan="3">联系人：</td><td colspan="2">联系电话：</td></tr>
<tr><td colspan="3">传真：</td><td colspan="2">电子邮箱：</td></tr>
<tr><td rowspan="2">委托内容</td><td colspan="5">检测项目：
检测参数/方法：</td></tr>
<tr><td>检测依据</td><td colspan="4">□由委托单位指定检测方法
□由受理单位选定合适的检测方法</td></tr>
<tr><td>来样形式</td><td colspan="5">□受理单位采样　□委托单位自采</td></tr>
<tr><td>委托样品</td><td colspan="5">□水样　□泥样　□固体样品　□气体样品</td></tr>
<tr><td>样品数量</td><td></td><td>采样容器</td><td></td><td>样品量</td><td></td></tr>
<tr><td>样品状态</td><td colspan="5">□浊　□较浊　□较清洁　□清洁
□黑色　□灰色　□其他颜色</td></tr>
<tr><td>样品存放条件</td><td colspan="2">□室温　□避光　□冷藏（4℃）</td><td>样品处置</td><td colspan="2">□退回　□自由处置</td></tr>
<tr><td>是否比对</td><td colspan="5">□否
□是（比对项目：＿＿＿＿＿＿＿　指定比对方：＿＿＿＿＿＿＿）</td></tr>
<tr><td>检测期限</td><td colspan="5">□标准（7 个工作日内）　□委托单位指定：＿＿＿＿＿　□其他：＿＿＿＿＿</td></tr>
<tr><td rowspan="2">报告发送</td><td colspan="5">□自取　□快递到付　□快递已付　□传真/邮件</td></tr>
<tr><td colspan="5">报告邮寄地址：</td></tr>
<tr><td>付款方式</td><td colspan="5">□无预付款　□有预付款（预付：＿＿＿＿＿）　□定期结算　□其他：＿＿＿＿＿</td></tr>
<tr><td>备　注</td><td colspan="5"></td></tr>
<tr><td colspan="3">委托方签字：　　日期：</td><td colspan="3">受理方签字：　　日期：</td></tr>
</table>

1.2 实施检测

1.2.1 预备知识

为了能真实地反映水体的质量，水样的采集和保存是至关重要的。首先，采集的样品要代表水体的质量；其次，采样后易发生变化的成分应在现场测定，带回实验室的样品在测试前要妥善保存，确保成分在保存期间不发生变化。

采样的地点、时间和频率，应根据监测目的、所采用的分析方法、水质的均一性等因素综合考虑。断面垂线与采样点一般按表 1-2 中的规定设置。

表 1-2 河流采样点位置设置规定

水面宽/m	垂线数	水深/m	采样点数
≤50	1 条（中泓）	≤5	1 点（水面下 0.5 m 处）
＞50～100	2 条（左右近岸 1/3 河宽处）	＞5～10	2 点（水面下 0.5 m 处与水底以上 0.5 m 处）
＞100	3 条（左、中、右）	＞10	3 点（水面下 0.5 m 处，1/2 水深处及水底以上 0.5 m 处）

1.2.2 实训准备

实训准备见表 1-3。

表 1-3 实训准备

序 号	名 称	方 法
1	采水器	用洗涤剂洗 1 次，自来水洗 3 次，蒸馏水洗 1 次
2	装样容器	①根据检测项目选择装样瓶材质； ②洗涤剂洗 1 次，自来水洗 3 次，蒸馏水洗 1 次； ③装样容器进行试漏
3	保护剂	1∶1 硫酸
4	滴管	用于往水样里滴加保护剂
5	玻璃棒	蘸取水样测 pH
6	广泛 pH 试纸	
7	标签	项目完整，应包括实验室名称、样品编号、监测项目以及样品状态（待检/在检/已检）
8	签字笔	
9	绳子	应带有刻度或事先做好记号
10	空白试样	
11	废液桶	废液不能随意倾倒在采样点处
12	样品防护材料	泡沫塑料隔板等可以避免容器间相互碰撞的防护材料

1.2.3 采样

采样小组共 3 人（同学 A、同学 B、同学 C），采样流程如下。

3 人到达采样点， 同学 A 观察并选取方便采样的地点； 同学 B 将绳子系在采水器上； 同学 C 在原始数据记录表上进行现场描述（如水的颜色、气味以及天气情况等）。

↓

①同学 B 根据采样深度采水样，先进行采样器的润洗。 ②同学 A 同时记录采样开始的时间。 ③同学 C 将准备好的盛样容器用水样润洗。所有润洗的废液倒入废水桶。

↓

①润洗完采样器后，同学 B 按采样深度开始采水样。 ②同学 A 第 2 次记录时间，本次时间是测定水温的时间。 ③同学 B 将采样器放在水里需要停留 5 min。 ④同学 A 和同学 C 在这 5 min 内，填写采样标签，进行空白样的 pH 测定，然后加保护剂调至 pH≤2。贴好空白样的标签放在安全的箱子里。 ⑤5 min 时间到，同学 A 告诉同学 B。 ⑥同学 B 将采样器提起，读采样器中温度计的读数。 ⑦同学 A 记录水温，然后同学 C 将水样装入盛样容器，贴上标签。 ⑧同学 A 和同学 C 先测水样的 pH，然后加保护剂调至 pH≤2，这时记录采样结束时间。 ⑨与此同时，同学 B 继续采平行样，采样步骤重复⑥～⑧。同学 A 配合盛样容器的润洗，同时也要记录时间。 ⑩完成记录表中的空白项。

↓

同学 B 整理采水器和绳子，同学 A 和同学 C 采取防护措施放好水样容器，清点东西，收拾现场，然后离开采样点返回实验室。

1.2.4 质量控制和保证

采样期间必须避免样品受到污染。应该考虑所有可能的污染来源，必须采取适当的控制措施避免污染。

1.2.4.1 污染的来源

潜在的污染来源包括以下几个方面：

①在采样容器和采样设备中残留的前一次样品；

②来自采样点位的污染；

③采样绳（或链）上残留水的污染；

④保存样品的容器的污染；

⑤灰尘和水对采样瓶瓶盖及瓶口的污染；

⑥手、手套和采样操作中的污染；

⑦采样设备内部燃烧排放的废气的污染；

⑧固定剂中杂质的污染。

1.2.4.2 污染的控制

控制样品污染常用的措施有以下几种：

①尽可能使样品容器远离污染；

②避免采样点水体的搅动；

③彻底清洗采样容器及设备；

④安全存放采样容器，避免瓶盖和瓶塞的污染；

⑤采样后擦拭并晾干采样绳（或链），然后存放起来；

⑥避免用手和手套接触样品，这一点对微生物采样尤为重要，在微生物采样过程中不允许手和手套接触采样容器及瓶盖的内部和边缘；

⑦确保从采样点到采样设备的方向是顺风向，防止采样设备内部燃烧排放的废气污染采样点水体；

⑧采样后应检查每个样品中是否存在较大的颗粒物（如叶子、碎石块等），如果存在，应丢弃该样品，重新采集。

1.3 数据记录与处理

数据记录在表 1-4 中。

表 1-4 地表水采样原始数据记录

任务名称：　　　　方法依据：

小组编号：

采样人员：＿＿＿＿　　　　现场描述：

＿＿＿＿

＿＿＿＿

采样地点：

序号	样品编号	采样日期	采样时间		pH	温度/℃	测定项目	保护剂
			采样开始	采样结束				
备 注								

采样：　　　　记录：　　　　校核：

1.4 实训评价

1.4.1 操作规范评分表

操作规范评分表见表 1-5。

表 1-5 操作规范评分表

序号	考核点	配分	评分标准	扣分	得分
一	采样前的准备	16			
1	采水器的洗涤	2	洗涤剂洗，自来水洗至少 2 遍，不合格的扣 2 分		
2	装样容器的准备	6	①洗涤剂洗，自来水洗至少 3 遍，不合格的扣 2 分； ②3 个装样瓶的选择，错误的扣 2 分； ③装样容器没有试漏，扣 2 分		
3	保护剂的准备	2	保护剂的选择不正确，扣 2 分		
4	广泛 pH 试纸的准备	2	没有准备，扣 2 分		
5	空白试样的准备	2	没有准备，扣 2 分		
6	标签的准备	2	没有准备或带少，扣 2 分		
二	采样	30			
1	采水器的润洗	4	①未用水样润洗采样器 2～3 遍，扣 4 分； ②用水面下 0.5 m 水样润洗，不符合的扣 1 分； ③润洗后的废液未倒入废液桶，扣 1 分		
2	装样容器的润洗	4	①未用水样润洗装样容器 2～3 遍，扣 4 分； ②润洗后废液未倒入废液桶，扣 1 分		
3	采样深度	4	①未在采水器上做采样深度标记，扣 3 分； ②采样时没有达到采样深度，扣 1 分		
4	装样容器装样要求	4	①装样量不符合要求，扣 2 分； ②采样或装样过程中样品洒落，扣 2 分		
5	未加保护剂前 pH 的测定	6	①没有测定 pH，扣 6 分； ②测定过程动作不规范，扣 3 分		
6	加保护剂，测定 pH	4	①没有加保护剂，扣 4 分； ②pH 大于 2，扣 2 分； ③保护剂应用滴管滴加，直接倒入试剂的，扣 1 分		
7	对样品的防护	4	①采样前、后，采样瓶在运输过程中没有采取防护措施，分别扣 2 分； ②采样前、后防护措施不符合要求，分别扣 1 分		
三	现场质控	12			
1	平行样的采集和空白样的采集	6	①没有采集空白样或采集错误，扣 3 分； ②没有采集平行样或采集错误，扣 3 分		
2	避免样品污染	6	环境对采样器进水口的污染；采样者的手对水样的污染；瓶盖对水样的污染。每出现 1 项不合格的，扣 2 分		

序号	考核点	配分	评分标准	扣分	得分
四	采样记录	32			
1	现场描述	6	描述水的颜色，水的气味（需有相关动作），天气情况，水面漂浮物、油膜，每缺少 1 项扣 1.5 分，语句不通顺的每项扣 1 分		
2	签字笔填写	2	使用其他笔，扣 2 分		
3	水温测定	4	①水面下 0.5 m 处，水温测定没有停留 5 min，扣 2 分； ②停留时间不够 5 min，扣 1 分； ③温度计的分度保留有效数字或读数错误，扣 2 分		
4	采样依据	2	①没有依据，扣 2 分； ②缺 1 个依据，扣 1 分		
5	采样时间	2	不完整，扣 2 分		
6	采样地点	2	不完整，扣 2 分		
7	测定项目	2	没有，扣 2 分		
8	保护剂	2	保护剂名称错误，扣 2 分		
9	采样人、记录、校核	3	每缺少 1 项，扣 1 分		
10	记录单有空格	1	记录单有空格或不准确，扣 1 分		
11	标签填写，粘贴标签及时	4	①记录不及时、不准确每项扣 2 分，每涂改 1 项扣 1 分，涂改错误的扣 2 分； ②样品编号，每缺少或涂改 1 项扣 1 分； ③检测项目，样品状态（指待检、在检等）没有填写或缺少 1 项扣 2 分； ④标签粘贴不及时，每次扣 1 分，可累加		
12	标签干燥，信息清楚	2	打湿、模糊不清，一次性扣 2 分		
五	文明采样	10			
1	过程条理清晰，现场整洁	5	①不及时清理台面，采样现场留垃圾，扣 2.5 分； ②在采样点未倾倒废液桶废液，扣 2.5 分		
2	所用器皿完好无损	3	打碎 1 件玻璃器皿，扣 3 分		
3	合作精神	2	合作发生不愉快，扣 2 分		
最终合计		100			

1.4.2 实训总体评价

实训总体评价见表 1-6。

表 1-6 实训总体评价

序号	项目内容	权重/%	自评分（50%）	小组评分（50%）	综合分
职业素养	纪律	5			
	团队精神	5			
	职业综合能力	10			
职业技能	实训准备	5			
	操作规范	50			
	数据处理	20			
	报告编制	5			
综合得分					
请根据以上打分情况，对本实训中的工作和学习状态进行总体评述，分析自己的不足之处，描述今后的改进措施。					
教师评价：					

项目 2　色度的测定
——铂钴比色法

实训目标

- **能力（技能）目标**

①掌握铂钴比色法测定色度的步骤。

②掌握色度测定结果的表示方法。

- **认知（知识）目标**

①掌握色度的基础知识。

②掌握铂钴比色法测定色度的实验原理。

- **其他（素质）目标**

①培养良好的职业道德、工作态度和责任感。

②培养良好的计划组织能力。

③培养良好的团队协作精神。

④遵守实验室安全操作规定。

⑤遵守环境保护规定。

能力训练任务

①阅读样品检测委托协议。

②样品的采集和保存。

③标准系列的配制。

④样品的测定。

⑤数据的计算与处理。

⑥报告编制。

项目 2
讲解与示范

2.1 接受任务

填写委托检测协议（表 2-1）。

表 2-1 委托检测协议

委托单位信息	名称：				
	地址：				
	联系人：			联系电话：	
	传真：			电子邮箱：	
受理单位信息	名称：				
	地址：				
	联系人：			联系电话：	
	传真：			电子邮箱：	
委托内容	检测项目： 检测参数/方法：				
	检测依据	□由委托单位指定检测方法 □由受理单位选定合适的检测方法			
来样形式	□受理单位采样 □委托单位自采				
委托样品	□水样 □泥样 □固体样品 □气体样品				
样品数量		采样容器		样品量	
样品状态	□浊 □较浊 □较清洁 □清洁 □黑色 □灰色 □其他颜色				
样品存放条件	□室温 □避光 □冷藏（4℃）		样品处置	□退回 □自由处置	
是否比对	□否 □是（比对项目：________ 指定比对方：________）				
检测期限	□标准（7 个工作日内） □委托单位指定：________ □其他：________				
报告发送	□自取 □快递到付 □快递已付 □传真/邮件				
	报告邮寄地址：				
付款方式	□无预付款 □有预付款（预付：________） □定期结算 □其他：________				
备 注					
委托方签字：	日期：		受理方签字：	日期：	

2.2 实施检测

2.2.1 预备知识

纯水是无色透明的。清洁水在水层浅时应为无色，深层为浅蓝绿色。天然水中存在的腐殖质、泥土、浮游生物、铁和锰等金属离子，均可使水体着色。

纺织、印染、造纸、食品、有机合成等工业废水中，常含有大量的染料、微生物和有色悬浮微粒等，这些物质常常是使环境水体着色的主要污染源。有色废水常给人以不愉快感，排入环境后又使天然水着色，减弱水体的透光性，影响水生生物的生长。

水的颜色定义为“改变透射可见光光谱组成的光学性质”，可区分为表观颜色和真实颜色。

真实颜色是指去除浊度后水的颜色。测定真实颜色时，如水样浑浊，应放置澄清后，取上清液或用孔径为 0.45 μm 的滤膜过滤，也可经离心后再测定。没有去除悬浮物的水所具有的颜色，包括溶解性物质及不溶解的悬浮物所产生的颜色，称为表观颜色。未经过滤或离心的原始水样的颜色即为表观颜色。对于清洁的或浊度很低的水，这两种颜色相近。对着色很深的工业废水，其颜色主要由胶体和悬浮物造成，故可根据需要测定真实颜色或表观颜色。

色度的标准单位为度，在每升溶液中含有 2 mg 六水合氯化钴（Ⅱ）和 1 mg 铂［以六氯铂（Ⅳ）酸的形式］时产生的颜色为 1 度。

用氯铂酸钾和氯化钴配制色度标准溶液，与被测样品进行目视比较，以测定样品的颜色强度，即色度。样品的色度以与之相当的色度标准溶液的度值表示。本方法适用于测定较清洁的、带有黄色色调的天然水和饮用水的色度。

2.2.2 实训准备

实训准备见表 2-2。

表 2-2 实训准备

准备事宜	名称	方法
样品的采集和保存	所取水样应无树叶、枯枝等漂浮杂物	将样品采集在容积至少为 1 L 的玻璃瓶内，采样后要尽早进行测定。如果必须贮存，则将样品贮于暗处。在有些情况下还要避免样品与空气接触。同时要避免温度的变化
实训试剂	光学纯水	将孔径为 0.2 μm 的滤膜（细菌学研究中多采用）在 100 mL 蒸馏水或去离子水中浸泡 1 h，用它过滤蒸馏水或去离子水，弃去最初的 250 mL 后用这种水配制全部标准溶液并作为稀释水
	色度标准贮备液（色度为 500 度）	将（1.245±0.001）g 六氯铂（Ⅳ）酸钾（K_2PtCl_6）及（1.000±0.001）g 六水合氯化钴（Ⅱ）（$CoCl_2 \cdot 6H_2O$）溶于约 500 mL 水中，加（100±1）mL 盐酸（ρ = 1.18 g/mL）并在 1 000 mL 的容量瓶内用水稀释至标线
	色度标准溶液系列	在一组 250 mL 的容量瓶中，用移液管分别加入 2.50 mL、5.00 mL、7.50 mL、10.00 mL、12.50 mL、15.00 mL、17.50 mL、20.00 mL、30.00 mL 及 35.00 mL 贮备液，并用水稀释至标线。溶液色度分别为 5 度、10 度、15 度、20 度、25 度、30 度、35 度、40 度、50 度和 60 度
水样的预处理	去除悬浮物	如水样浑浊，则放置澄清，也可用离心法或用孔径为 0.45 μm 的滤膜过滤以去除悬浮物。但不能用滤纸过滤，因滤纸可吸附部分溶解于水的颜色

2.2.3 分析检测

将样品倒入 250 mL（或更大）量筒中，静置 15 min，倾取上层液体作为试料进行测定。

↓

将一组 50 mL 具塞比色管用色度标准溶液充至标线。将另一组 50 mL 具塞比色管用试料充至标线。

↓

将具塞比色管放在白色表面上，比色管与该表面应呈合适的角度，使反射光线自具塞比色管底部向上通过液柱。

↓

垂直向下观察液柱，找出与试料色度最接近的标准溶液。如色度≥60 度，用光学纯水将试料适当稀释后，使色度调整至标准溶液范围之内再行测定。另取试料测定 pH。

↓

稀释过的样品色度（A_0）用下式计算：

$$A_0 = \frac{V_1}{V_0} A_1$$

式中：V_1——样品稀释后的体积，mL；

V_0——样品稀释前的体积，mL；

A_1——稀释样品色度的观察值，度。

2.2.4 质量控制和保证

①除另有说明外，测定中仅使用光学纯水及分析纯试剂。

②色度标准贮备液应放在密封玻璃瓶中，存放在暗处，温度不能超过 30℃。该溶液至少能稳定 6 个月。

③色度标准溶液应放在密封玻璃瓶中，存放在暗处，温度不能超过 30℃。该溶液至少可稳定 1 个月。

④与样品接触的玻璃器皿都要用盐酸或表面活性剂溶液加以清洗，最后用蒸馏水或去离子水洗净、沥干。

⑤以色度的标准单位报告与试料最接近的标准溶液的值，在 0～40 度（不包括 40 度）的范围内，精确到 5 度；40～60 度范围内，精确到 10 度。

⑥如果样品中有泥土或其他分散很细的悬浮物，虽经预处理也得不到透明水样时，则只测表观颜色。

2.3 数据记录与处理

数据记录在表 2-3 和表 2-4 中。

表 2-3 标准系列数据记录表

比色管号	1	2	3	4	5	6	7	8	9	10
标液体积/mL										
色度/度										

表 2-4 样品测定数据记录表

<table>
<tr><th rowspan="2">样品编号</th><th rowspan="2">取样量/mL</th><th rowspan="2">相当于标准管的色度/度</th><th rowspan="2">样品稀释倍数/倍</th><th rowspan="2">样品色度/度</th><th colspan="3">平行双样测定结果</th></tr>
<tr><th>平均值/度</th><th>相对偏差/%</th><th>是否合格</th></tr>
<tr><td></td><td></td><td></td><td></td><td></td><td></td><td></td><td></td></tr>
<tr><td></td><td></td><td></td><td></td><td></td><td></td><td></td><td></td></tr>
<tr><td></td><td></td><td></td><td></td><td></td><td></td><td></td><td></td></tr>
<tr><td></td><td></td><td></td><td></td><td></td><td></td><td></td><td></td></tr>
<tr><td></td><td></td><td></td><td></td><td></td><td></td><td></td><td></td></tr>
<tr><td></td><td></td><td></td><td></td><td></td><td></td><td></td><td></td></tr>
<tr><td></td><td></td><td></td><td></td><td></td><td></td><td></td><td></td></tr>
<tr><td></td><td></td><td></td><td></td><td></td><td></td><td></td><td></td></tr>
</table>

分析人：　　　　　　校对人：　　　　　　审核人：

2.4 出具报告

封面：

检 测 报 告 书

样品名称＿＿＿＿＿＿＿＿＿＿＿＿＿＿＿＿

被检单位＿＿＿＿＿＿＿＿＿＿＿＿＿＿＿＿

检测单位＿＿＿＿＿＿＿＿＿＿＿＿＿＿＿＿

报告日期　　年　月　日

首页及正文：

＿＿＿＿＿分析测试中心

字（20　年）第　号

共　页，第　页

样品名称＿＿＿＿＿＿＿＿＿＿＿＿＿＿＿＿　检测类别＿委托＿

被检单位＿＿＿＿＿＿＿＿＿＿＿＿＿＿＿＿　样品编号＿＿＿＿＿

样品类别＿＿＿＿＿　包装情况＿＿＿＿＿＿　收样日期＿＿＿＿＿

采样日期＿＿＿＿＿　采样地点＿＿＿＿＿＿＿＿＿＿＿＿＿＿＿

样品性状＿＿＿＿＿＿＿＿＿＿＿　样品数量＿＿＿＿　检测日期＿＿＿＿＿

检测项目＿＿＿＿＿＿＿＿＿＿＿＿＿＿＿＿＿＿＿＿＿＿＿＿＿＿＿

＿＿＿＿＿＿＿＿＿＿＿＿＿＿＿＿＿＿＿＿＿＿＿＿＿＿＿＿＿＿＿

检测结果及评价依据：

测定值：＿＿＿＿＿＿＿＿＿＿＿＿　评价依据：＿＿＿＿＿＿＿＿＿＿＿＿

结论及评价：

结论：＿＿＿＿＿＿＿＿＿＿＿＿＿　评价：＿＿＿＿＿＿＿＿＿＿＿＿＿

检测环境条件：＿＿＿＿　温度：＿＿＿　相对湿度：＿＿＿＿　气压：＿＿＿＿

主要检测仪器设备：

名称：＿＿＿＿＿＿＿＿　编号：＿＿＿＿＿＿＿　型号：＿＿＿＿＿＿＿＿

名称：＿＿＿＿＿＿＿＿　编号：＿＿＿＿＿＿＿　型号：＿＿＿＿＿＿＿＿

名称：＿＿＿＿＿＿＿＿　编号：＿＿＿＿＿＿＿　型号：＿＿＿＿＿＿＿＿

报告编制：　　　　复核：　　　　签发：

盖　章

年　月　日

注：检测报告书仅对本次送检样品负责。实际工作中检测报告书包括封面、首页、正文（可附页）、封底，并盖有计量认证章、检测章和骑缝章，此处仅列出封面、首页及正文的主要内容。全书同，不再标注。

2.5 实训评价

2.5.1 操作规范评分表

操作规范评分表见表 2-5。

表 2-5 操作规范评分表

序号	考核点	配分	评分标准	扣分	得分
一	仪器准备	5			
1	玻璃仪器洗涤	5	①未用蒸馏水清洗 2 遍以上，扣 2 分； ②玻璃仪器出现挂水珠现象，扣 2 分		
二	标准溶液的配制	40			
1	溶液配制过程中有关的实验操作	15	①未进行容量瓶试漏检查，扣 0.5 分； ②容量瓶、比色管加蒸馏水时未沿器壁流下或产生大量气泡，扣 0.5 分； ③蒸馏水瓶管尖接触容器，扣 0.5 分； ④加水至容量瓶约 3/4 体积时没有平摇，扣 0.5 分； ⑤容量瓶、比色管加水至近标线没有等待 1 min，扣 0.5 分； ⑥容量瓶、比色管逐滴加入蒸馏水至标线操作不当或定容不准确，扣 0.5 分； ⑦持瓶方式不正确，扣 0.5 分； ⑧容量瓶、比色管未充分混匀或中间未开塞，扣 0.5 分； ⑨溶液使用前没有盖塞充分摇匀，扣 0.5 分； ⑩润洗方法不正确，扣 0.5 分； ⑪将移液管中过多的贮备液放回贮备液瓶中，扣 0.5 分； ⑫移液管管尖触底，扣 0.5 分； ⑬移液管出现吸空现象，扣 1 分； ⑭移液管移取标准贮备液、标准工作液、水样原液及水样稀释液前未处理管尖溶液，扣 0.5 分； ⑮移取标准贮备液、标准工作液及水样原液时未另用一烧杯调节液面，扣 0.5 分； ⑯移液管移取标准贮备液、标准工作液、水样原液及水样稀释液时，调节液面前未处理管尖部，扣 0.5 分； ⑰移液管未能一次调节到刻度，扣 1 分； ⑱移液管放液不规范，扣 1 分； ⑲取完试剂后未及时盖上试剂瓶盖，扣 0.5 分； ⑳重新配标准溶液，一次性扣 5 分； ㉑重新配标准系列或水样稀释液，每出现一次扣 2 分，最多扣 10 分		

序号	考核点	配分	评分标准	扣分	得分
2	标准系列的配制	20	①直接在贮备液中进行相关操作，扣 5 分； ②标准工作液未贴标签或标签内容（包括名称、浓度、日期、配制者）不全，扣 5 分； ③每个点移取的标准溶液应从零分度开始，出现不正确项 1 次扣 0.5 分，但不超过该项总分 10 分（工作液可放回剩余溶液的烧杯中再取液）		
3	水样稀释液的配制	5	直接在水样原液中进行相关操作，扣 5 分（水样稀释液在移液管吸干后可在容量瓶中进行相关操作）		
三	实验数据处理	12			
1	原始记录	12	数据未直接填在报告单上、数据不全、有效数字位数不对、有空项，原始记录中缺少计量单位，数据更改，每项扣 2 分		
四	文明操作	18			
1	实验室整洁	4	实验过程中台面、地面脏乱，废液处置不当，一次性扣 4 分		
2	清洗仪器、试剂等物品归位	4	实验结束后未先清洗仪器或试剂物品未归位就完成报告，一次性扣 4 分		
3	仪器损坏	6	仪器损坏，一次性扣 6 分		
4	试剂用量	4	每名实验员均准备有 2 倍用量的试剂，若还需添加，则一次性扣 4 分		
五	测定结果	25	测定结果不正确，扣 25 分		
最终合计		100			

2.5.2 实训总体评价

实训总体评价见表 2-6。

表 2-6 实训总体评价

序号	项目内容	权重/%	自评分（50%）	小组评分（50%）	综合分
职业素养	纪律	5			
	团队精神	5			
	职业综合能力	10			
职业技能	实训准备	5			
	操作规范	50			
	数据处理	20			
	报告编制	5			
综合得分					
请根据以上打分情况，对本实训当中的工作和学习状态进行总体评述，分析自己的不足之处，描述今后的改进措施。					
教师评价：					

项目 3　水样浊度的测定
——分光光度法

实训目标

- **能力（技能）目标**

①掌握分光光度计的使用方法。

②掌握分光光度法测定浊度的步骤。

③掌握标准曲线定量方法。

- **认知（知识）目标**

①掌握分光光度法测定浊度的实验原理。

②能够计算标准曲线方程及 γ。

- **其他（素质）目标**

①培养良好的职业道德、工作态度和责任感。

②培养良好的计划组织能力。

③培养良好的团队协作精神。

④遵守实验室安全操作规定。

⑤遵守环境保护规定。

能力训练任务

①阅读样品检测委托协议。

②样品的采集和保存。

③标准系列的测试与绘制。

④样品的测定。

⑤数据的计算与处理。

⑥报告编制。

项目 3
讲解与示范

3.1 接受任务

填写委托检测协议（表 3-1）。

表 3-1 委托检测协议

<table>
<tr><td rowspan="4">委托单位信息</td><td colspan="6">名称：</td></tr>
<tr><td colspan="6">地址：</td></tr>
<tr><td colspan="4">联系人：</td><td colspan="2">联系电话：</td></tr>
<tr><td colspan="4">传真：</td><td colspan="2">电子邮箱：</td></tr>
<tr><td rowspan="4">受理单位信息</td><td colspan="6">名称：</td></tr>
<tr><td colspan="6">地址：</td></tr>
<tr><td colspan="4">联系人：</td><td colspan="2">联系电话：</td></tr>
<tr><td colspan="4">传真：</td><td colspan="2">电子邮箱：</td></tr>
<tr><td rowspan="2">委托内容</td><td colspan="6">检测项目：
检测参数/方法：</td></tr>
<tr><td>检测依据</td><td colspan="5">□由委托单位指定检测方法
□由受理单位选定合适的检测方法</td></tr>
<tr><td>来样形式</td><td colspan="6">□受理单位采样　□委托单位自采</td></tr>
<tr><td>委托样品</td><td colspan="6">□水样　□泥样　□固体样品　□气体样品</td></tr>
<tr><td>样品数量</td><td></td><td>采样容器</td><td colspan="2"></td><td>样品量</td><td></td></tr>
<tr><td>样品状态</td><td colspan="6">□浊　□较浊　□较清洁　□清洁
□黑色　□灰色　□其他颜色</td></tr>
<tr><td>样品存放条件</td><td colspan="3">□室温　□避光　□冷藏（4℃）</td><td>样品处置</td><td colspan="2">□退回　□自由处置</td></tr>
<tr><td>是否比对</td><td colspan="6">□否
□是（比对项目：________ 指定比对方：________）</td></tr>
<tr><td>检测期限</td><td colspan="6">□标准（7 个工作日内）　□委托单位指定：________　□其他：________</td></tr>
<tr><td rowspan="2">报告发送</td><td colspan="6">□自取　□快递到付　□快递已付　□传真/邮件</td></tr>
<tr><td colspan="6">报告邮寄地址：</td></tr>
<tr><td>付款方式</td><td colspan="6">□无预付款　□有预付款（预付：________）　□定期结算　□其他：________</td></tr>
<tr><td>备 注</td><td colspan="6"></td></tr>
<tr><td colspan="3">委托方签字：　　日期：</td><td colspan="4">受理方签字：　　日期：</td></tr>
</table>

3.2 实施检测

3.2.1 预备知识

浊度是指水中悬浮物对光线通过时发生的阻碍程度。水中的悬浮物一般是泥土、砂粒、微细的有机物和无机物、浮游生物和胶体物质等。水的浊度不仅与水中悬浮物的含量有关，而且与它们的大小、形状及折射系数等有关。

方法原理：在适当温度下，硫酸肼与六次甲基四胺聚合，形成白色高分子聚合物，以此作为浊度标准液，在一定条件下与水样浊度相比较。本方法适用于饮用水、天然水及高浊度水，最低检测浊度为 3 度。

3.2.2 实训准备

实训准备见表 3-2。

表 3-2 实训准备

准备事宜	名 称	方 法
样品的采集和保存	样品应收集到具塞玻璃瓶中，取样后尽快测定。如需保存，可保存在冷暗处且不超过 24 h。测试前激烈振摇并恢复到室温	
实训试剂	无浊度水	将蒸馏水通过 0.2 μm 的滤膜过滤，收集于用滤过水荡洗两次的烧瓶中
	硫酸肼溶液（ρ=1 g/100 mL）	称取 1.000 g 硫酸肼［$(N_2H_4)H_2SO_4$］溶于水，定容至 100 mL
	六次甲基四胺溶液（ρ=10 g/100 mL）	取 10.00 g 六次甲基四胺［$(CH_2)_6N_4$］溶于水，定容至 100 mL
	浊度标准贮备液（浊度为 400 度）	吸取 5.00 mL 硫酸肼溶液（1 g/100 mL）与 5.00 mL 六次甲基四胺溶液（10 g/100 mL）于 100 mL 容量瓶中，混匀。于（25±3）℃下静置反应 24 h。冷却后用水稀释至标线，混匀。此溶液浊度为 400 度。可保存 1 个月

3.2.3 分析检测

在 7 个 50 mL 比色管中，分别加入 0 mL、0.50 mL、1.25 mL、2.50 mL、5.00 mL、10.00 mL 及 12.50 mL 浊度标准溶液，然后加水至标线。摇匀后，即得浊度为 0 度、4 度、10 度、20 度、40 度、80 度及 100 度的标准系列。

↓

在波长 680 nm 下，用 30 mm 比色皿，以水作参比，测量吸光度，绘制校准曲线。

↓

水样的测定：吸取 50.0 mL 摇匀水样（无气泡，如浊度超过 100 度可酌情减少取样量，用无浊度水稀释至 50.0 mL）于 50 mL 比色管中，按绘制校准曲线步骤测定吸光度，由校准曲线上查得水样浊度。

↓

浊度计算：

$$A = (B + C)/C$$

式中：A——稀释后水样的浊度，度；

B——稀释水的体积，mL；

C——原水样的体积，mL。

3.2.4 质量控制和保证

①所有与样品接触的玻璃器皿必须清洁，可用盐酸或表面活性剂清洗。②水中应无碎

屑和易沉颗粒，如所用器皿不清洁，水中溶解的气泡和有色物质会干扰测定。③不同浊度范围测试结果的精度要求如表 3-3 所示。

表 3-3　测定浊度的精度要求

浊度范围/度	1～10	10～100	100～400	400～1 000	>1 000
精度/度	1	5	10	50	100

3.3　数据记录与处理

①吸收池配套性检查。

比色皿的校正值：A_1 0.000 ；A_2______；A_3______；A_4______。

所选比色皿为：__________。

②标准曲线的绘制。

测量波长：__________；标准溶液原始浊度：__________。原始数据记录在表 3-4 中。

③水质样品的测定，原始数据记录在表 3-5 中。

表 3-4　标准系列数据记录表

溶液号	吸取标液体积/mL	浊度/度	A	$A_{校正}$
0				
1				
2				
3				
4				
5				
6				
7				
回归方程：				
相关系数：				

表 3-5　水质样品数据记录表

平行测定次数	1	2	3
吸光度（A）			
空白值（A_0）			
校正吸光度（$A_{校正}$）			
回归方程计算所得浊度/度			
原始试液浊度/度			
样品浊度的测定结果/度			
相对标准偏差（R_d）/%			

分析人：　　　　　　　　　　校对人：　　　　　　　　　　审核人：

标准曲线绘制图：

3.4 出具报告

封面：

检 测 报 告 书

样品名称＿＿＿＿＿＿＿＿＿＿＿＿＿＿

被检单位＿＿＿＿＿＿＿＿＿＿＿＿＿＿

检测单位＿＿＿＿＿＿＿＿＿＿＿＿＿＿

报告日期　　　年　　月　　日

首页及正文：

＿＿＿＿＿分析测试中心

字（20　　年）第　　号

共　　页，第　　页

样品名称＿＿＿＿＿＿＿＿＿＿＿＿＿＿　　检测类别＿委托＿

被检单位＿＿＿＿＿＿＿＿＿＿＿＿＿＿　　样品编号＿＿＿＿＿

样品类别＿＿＿＿＿　包装情况＿＿＿＿＿　　收样日期＿＿＿＿＿

采样日期＿＿＿＿＿　采样地点＿＿＿＿＿＿＿＿＿＿＿＿

样品性状＿＿＿＿＿＿＿＿　样品数量＿＿＿＿＿　检测日期＿＿＿＿＿

检测项目＿＿＿＿＿＿＿＿＿＿＿＿＿＿＿＿＿＿＿＿＿＿＿＿

＿＿＿＿＿＿＿＿＿＿＿＿＿＿＿＿＿＿＿＿＿＿＿＿＿＿＿＿

检测结果及评价依据：

测定值：＿＿＿＿＿＿＿＿＿＿＿　　评价依据：＿＿＿＿＿＿＿＿＿＿＿

结论及评价：

结论：＿＿＿＿＿＿＿＿＿＿＿＿　　评价：＿＿＿＿＿＿＿＿＿＿＿＿

检测环境条件：＿＿＿＿　温度：＿＿＿＿　相对湿度：＿＿＿＿　气压：＿＿＿＿

主要检测仪器设备：

名称：＿＿＿＿＿＿＿　编号：＿＿＿＿＿＿＿　型号：＿＿＿＿＿＿＿

名称：＿＿＿＿＿＿＿　编号：＿＿＿＿＿＿＿　型号：＿＿＿＿＿＿＿

名称：＿＿＿＿＿＿＿　编号：＿＿＿＿＿＿＿　型号：＿＿＿＿＿＿＿

报告编制：　　　　　复核：　　　　　签发：

盖　章

年　　月　　日

3.5 实训评价

3.5.1 操作规范评分表

操作规范评分表见表 3-6。

表 3-6 操作规范评分表

序号	考核点	配分	评分标准	扣分	得分
一	仪器准备	5			
1	玻璃仪器洗涤	2	①未用无浊度水清洗 2 遍以上，扣 1 分； ②玻璃仪器出现挂水珠现象，扣 1 分		
2	分光光度计预热 20 min	3	①仪器未进行预热或预热时间不够，扣 2 分； ②未切断光路预热，扣 1 分		
二	标准溶液的配制	15			
1	溶液配制过程中有关的实验操作	10	①未进行容量瓶试漏检查，扣 0.5 分； ②容量瓶、比色管加蒸馏水时未沿器壁流下或产生大量气泡，扣 0.5 分； ③蒸馏水瓶管尖接触容器，扣 0.5 分； ④加水至容量瓶约 3/4 体积时没有平摇，扣 0.5 分； ⑤容量瓶、比色管加水至近标线等待 1 min，没有等待的，扣 0.5 分； ⑥容量瓶、比色管逐滴加入蒸馏水至标线操作不当或定容不准确，扣 0.5 分； ⑦持瓶方式不正确，扣 0.5 分； ⑧容量瓶、比色管未充分混匀或中间未开塞，扣 0.5 分； ⑨溶液使用前没有盖塞充分摇匀，扣 0.5 分； ⑩润洗方法不正确，扣 0.5 分； ⑪将移液管中过多的贮备液放回贮备液瓶中，扣 0.5 分； ⑫移液管管尖触底，扣 0.5 分； ⑬移液管出现吸空现象，扣 1 分； ⑭移液管移取标准贮备液、标准工作液、水样原液及水样稀释液前未处理管尖溶液，扣 0.5 分； ⑮移取标准贮备液、标准工作液及水样原液时未另用一烧杯调节液面，扣 0.5 分； ⑯移液管移取标准贮备液、标准工作液、水样原液及水样稀释液时，调节液面前未处理管尖部，扣 0.5 分； ⑰移液管未能一次调节到刻度，扣 1 分； ⑱移液管放液不规范，扣 1 分； ⑲取完试剂后未及时盖上试剂瓶盖，扣 0.5 分		
2	标准系列的配制	3	①直接在贮备液进行相关操作，扣 1 分； ②标准工作液未贴标签或标签内容不全（包括名称、浓度、日期、配制者），扣 1 分； ③每个点移取的标准溶液应从零分度开始，出现不正确项 1 次扣 0.5 分，但不超过该项总分 3 分（工作液可放回剩余溶液的烧杯中再取液）		

序号	考核点	配分	评分标准	扣分	得分
3	水样稀释液的配制	2	直接在水样原液中进行相关操作，扣 2 分（水样稀释液在移液管吸干后可在容量瓶中进行相关操作）		
三	分光光度计使用	15			
1	测定前的准备	2	①没有进行比色皿配套性选择或选择不当，扣 1 分； ②不能正确在 T 挡调“100%”和“0”，扣 1 分		
2	测定操作	7	①手触及比色皿透光面，扣 0.5 分； ②比色皿润洗方法不正确（须含蒸馏水洗涤、待装液润洗），扣 0.5 分； ③比色皿润洗操作不正确，扣 0.5 分； ④加入溶液高度不正确，扣 1 分； ⑤比色皿外壁溶液处理不正确，扣 1 分； ⑥比色皿盒拉杆操作不当，扣 0.5 分； ⑦重新取液测定，每出现一次扣 1 分，但不超过 4 分； ⑧不正确使用参比溶液，扣 1 分		
3	测定过程中仪器被溶液污染	2	①比色皿放在仪器表面，扣 1 分； ②比色室被洒落溶液污染，扣 0.5 分； ③比色室未及时清理干净，扣 0.5 分		
4	测定后的处理	4	①台面不清洁，扣 0.5 分； ②未取出比色皿及未洗涤，扣 1 分； ③没有倒净、控干比色皿，扣 0.5 分； ④测定结束，未做使用记录登记，扣 1 分； ⑤未关闭仪器电源，扣 1 分		
四	实验数据处理	12			
1	标准曲线取点		标准曲线取点不得少于 7 个（包含试剂空白点），否则标准曲线无效，扣 12 分		
2	正确绘制标准曲线	5	①标准曲线坐标选取错误或比例不合理（含曲线斜率不当），扣 1 分； ②测量数据及回归方程计算结果未标在曲线中，扣 1 分； ③缺少曲线名称、坐标、箭头、符号、单位量，回归方程及数据有效位数不对，每项扣 0.5 分，但不超过 3 分		
3	试液吸光度处于要求范围内	2	水样取用量不合理致使吸光度超出要求范围或在 0 号与 1 号管测点范围内，扣 2 分		
4	原始记录	3	数据未直接填在报告单上、数据不全、有效数字位数不对、有空项，原始记录中缺少计量单位，数据更改，每项扣 0.5 分，可累计扣分，但不超过该项总分 3 分		
5	有效数字运算	2	①回归方程未保留小数点后 4 位数字，扣 0.5 分； ② γ 未保留小数点后 4 位数字，扣 0.5 分； ③测量结果未保留到小数点后 2 位数字，扣 1 分		
五	文明操作	18			
1	实验室整洁	4	实验过程中台面、地面脏乱，废液处置不当，一次性扣 4 分		
2	清洗仪器、试剂等物品归位	4	实验结束后未先清洗仪器或试剂物品未归位就完成报告，一次性扣 4 分		
3	仪器损坏	6	仪器损坏，一次性扣 6 分		

序号	考核点	配分	评分标准	扣分	得分
4	试剂用量	4	每组均准备有 2 倍用量的试剂，若还需添加，则一次性扣 4 分		
六	测定结果	35			
1	回归方程的计算	5	没有算出或回归方程计算错误的，扣 5 分		
2	空白吸光度	1	空白吸光度大于 0.030，扣 1 分		
2	回归方程	3	①截距超出±0.008，扣 1 分； ②斜率超出 0.007 2～0.008 0，扣 2 分		
2	标准曲线线性	6	①$\gamma \geqslant 0.9999$，不扣分； ②$0.9990 \leqslant \gamma \leqslant 0.9998$，扣 1～5 分*； ③$\gamma < 0.9990$，扣 6 分		
3	测定结果精密度	10	①$\lvert R_d \rvert \leqslant 0.5\%$，不扣分； ②$0.5\% < \lvert R_d \rvert \leqslant 1.4\%$，扣 1～9 分**； ③$\lvert R_d \rvert > 1.4\%$，扣 10 分； ④精密度计算错误或未计算，扣 10 分； ⑤水样原液未做平行样 3 份，一次性扣 10 分		
4	测定结果准确度	10	①测定值在保证值±0.5%内，不扣分； ②测定值在保证值±（0.6%～1.8%），扣 1～9 分； ③测定值不在保证值±1.8%以内，扣 10 分		
最终合计		100			

注：* γ 为 0.999 8 扣 1 分，γ 为 0.999 7 扣 1.5 分，依次类推，γ 为 0.999 0 扣 5 分；

** $\lvert R_d \rvert$ 为 0.6%扣 1 分，$\lvert R_d \rvert$ 为 0.7%扣 2 分，依此类推，$\lvert R_d \rvert$ 为 1.4%扣 9 分。全书相同，不再标注。

3.5.2 实训总体评价

实训总体评价见表 3-7。

表 3-7 实训总体评价

<table>
<tr><td>序号</td><td>项目内容</td><td>权重/%</td><td>自评分（50%）</td><td>小组评分（50%）</td><td>综合分</td></tr>
<tr><td rowspan="3">职业素养</td><td>纪律</td><td>5</td><td></td><td></td><td></td></tr>
<tr><td>团队精神</td><td>5</td><td></td><td></td><td></td></tr>
<tr><td>职业综合能力</td><td>10</td><td></td><td></td><td></td></tr>
<tr><td rowspan="4">职业技能</td><td>实训准备</td><td>5</td><td></td><td></td><td></td></tr>
<tr><td>操作规范</td><td>50</td><td></td><td></td><td></td></tr>
<tr><td>数据处理</td><td>20</td><td></td><td></td><td></td></tr>
<tr><td>报告编制</td><td>5</td><td></td><td></td><td></td></tr>
<tr><td>综合得分</td><td colspan="5"></td></tr>
<tr><td colspan="6">请根据以上打分情况，对本实训当中的工作和学习状态进行总体评述，分析自己的不足之处，描述今后的改进措施。</td></tr>
<tr><td colspan="6">教师评价：</td></tr>
</table>

项目4　水中悬浮物的测定——重量法

实训目标

- **能力（技能）目标**

  ①掌握天平的使用方法。

  ②掌握重量法测定悬浮物的步骤。

  ③掌握称量操作技术。

- **认知（知识）目标**

  ①掌握重量法测定悬浮物的原理。

  ②能够进行数据的处理和计算。

- **其他（素质）目标**

  ①培养良好的职业道德、工作态度和责任感。

  ②培养良好的计划组织能力。

  ③培养良好的团队协作精神。

  ④遵守实验室安全操作规定。

  ⑤遵守环境保护规定。

能力训练任务

①阅读样品检测委托协议。

②样品的采集和保存。

③滤膜的准备。

④样品的测定。

⑤报告编制。

项目4
讲解与示范

4.1 接受任务

填写委托检测协议（表 4-1）。

表 4-1 委托检测协议

<table>
<tr><td rowspan="4">委托单位信息</td><td colspan="4">名称：</td></tr>
<tr><td colspan="4">地址：</td></tr>
<tr><td colspan="3">联系人：</td><td>联系电话：</td></tr>
<tr><td colspan="3">传真：</td><td>电子邮箱：</td></tr>
<tr><td rowspan="4">受理单位信息</td><td colspan="4">名称：</td></tr>
<tr><td colspan="4">地址：</td></tr>
<tr><td colspan="3">联系人：</td><td>联系电话：</td></tr>
<tr><td colspan="3">传真：</td><td>电子邮箱：</td></tr>
<tr><td rowspan="2">委托内容</td><td colspan="4">检测项目：
检测参数/方法：</td></tr>
<tr><td>检测依据</td><td colspan="3">□由委托单位指定检测方法
□由受理单位选定合适的检测方法</td></tr>
<tr><td>来样形式</td><td colspan="4">□受理单位采样 □委托单位自采</td></tr>
<tr><td>委托样品</td><td colspan="4">□水样 □泥样 □固体样品 □气体样品</td></tr>
<tr><td>样品数量</td><td></td><td>采样容器</td><td></td><td>样品量</td></tr>
<tr><td>样品状态</td><td colspan="4">□浊 □较浊 □较清洁 □清洁
□黑色 □灰色 □其他颜色</td></tr>
<tr><td>样品存放条件</td><td colspan="2">□室温 □避光 □冷藏（4℃）</td><td>样品处置</td><td>□退回 □自由处置</td></tr>
<tr><td>是否比对</td><td colspan="4">□否
□是（比对项目：________ 指定比对方：________）</td></tr>
<tr><td>检测期限</td><td colspan="4">□标准（7 个工作日内） □委托单位指定：________ □其他：________</td></tr>
<tr><td rowspan="2">报告发送</td><td colspan="4">□自取 □快递到付 □快递已付 □传真/邮件</td></tr>
<tr><td colspan="4">报告邮寄地址：</td></tr>
<tr><td>付款方式</td><td colspan="4">□无预付款 □有预付款（预付：________） □定期结算 □其他：________</td></tr>
<tr><td>备 注</td><td colspan="4"></td></tr>
<tr><td colspan="2">委托方签字： 日期：</td><td colspan="3">受理方签字： 日期：</td></tr>
</table>

4.2 实施检测

4.2.1 预备知识

水中的悬浮物（SS）是指水样通过孔径为 0.45 μm 的滤膜，截留在滤膜上并于 103～

105℃烘干至恒重的固体物质。

水中的悬浮物使水体浑浊，透明度降低，影响水生生物呼吸与代谢活动，使江河湖库淤积，加重洪水灾害，破坏环境。因此悬浮物为必测的水环境指标。造纸、皮革、冲渣、选矿、湿法粉碎和喷淋除尘等工业工序中产生大量含无机或有机悬浮物的废水。

4.2.2 实训准备

实训准备见表 4-2。

表 4-2 实训准备

准备事宜	方法
样品的采集和保存	所用聚乙烯或硬质玻璃容器要先用洗涤剂清洗，再依次用自来水和蒸馏水冲洗干净。在采样之前，再用即将采集的水样冲洗 3 次，然后，采集具有代表性的水样 500～1 000 mL。盖严瓶塞。采集的水样应尽快分析测定。如需放置，应贮存在 4℃冰箱中，但最长不超过 7 d。样品不得加入任何保护剂，以防止破坏物质在固、液间的分配平衡
滤膜的准备	用扁嘴无齿镊子夹取滤膜放入事先称重的称量瓶里。移入烘箱中在 103～105℃烘干 0.5 h 后取出置于干燥器内冷却至室温，称其质量。反复烘干、冷却、称量，直至两次称量的质量差≤0.2 mg

4.2.3 分析检测

将恒重的滤膜正确地放在滤膜过滤器的滤膜托盘上，加盖配套的漏斗，并用夹子固定好。以蒸馏水润湿滤膜，并不断吸滤。

↓

量取充分混合均匀的试样 100 mL 于漏斗内，启动真空泵进行抽吸过滤。当水分全部通过滤膜后，再用每次约 10 mL 蒸馏水连续冲洗量器 3 次，继续吸滤以除去痕量水分。

↓

停止吸滤后，仔细取出载有悬浮物的滤膜放在原恒重的称量瓶里，打开瓶盖，移入烘箱中在 103～105℃烘干 2 h 后移入干燥器中，使其冷却至室温，称量。反复烘干、冷却、称量，直至恒重为止（两次称重的质量差≤0.2 mg）。

↓

悬浮物含量（C）按下式计算：

$$C = \frac{(A-B)\times 10^6}{V}$$

式中：C——水中悬浮物浓度，mg/L；

A——悬浮物、滤膜与称量瓶的质量，g；

B——滤膜与称量瓶的质量，g；

V——试样的体积，mL。

4.2.4 质量控制和保证

①漂浮于水面或浸没于水体底部的不均匀固体物质不属于悬浮物质，应在样品采集时加以避免。实验室测定阶段，测定样品时应先测定较为清洁的水样。在定量取样时，应选择好合适的量器，水样均匀混合后应尽快量出。快速倾入漏斗过滤后，用约 10 mL 蒸馏水冲洗量器 3 次，倾入漏斗过滤时，应去除量器底部的较大颗粒物质。

②贮存水样时不能加任何保护试剂，以防止破坏物质在固相、液相间的分配平衡。

③滤膜上截留过多的悬浮物，除了会造成过滤困难，还会延长过滤和干燥的时间。遇此情况，可酌情少取试样，浑浊水样采集 20～100 mL，比较清洁水样采集 100～200 mL 为宜，特别清洁的水样可增大试样体积至 200～300 mL，否则会增大称量误差，影响测定精度。

④滤膜前处理阶段，以约 100 mL 蒸馏水抽滤至近干状态（以 50～60 s 为宜）。在实际操作中，测定同一批样品时最好固定蒸馏水用量和抽滤时间，以避免因蒸馏水量和抽滤时间的不同而带来的误差。无论采用何种滤膜，都必须对其进行前处理或进行相关试验。

⑤滤膜（处理后）和样品抽滤后，移入称量瓶加盖时，应保留适当缝隙，不要盖严，以保证滤膜和样品中的水分、湿气能够充分逸出。

⑥将经过在 103～105℃的烘箱中烘干的滤膜或样品置于干燥器内进行冷却，该操作应在天平室进行。应避免空调器出风给称量带来的影响。天平室的温度会影响冷却的时间，温度为 5～20℃时，可冷却 45 min；21～26℃时，可冷却 60 min；27～32℃时，可冷却 150 min 以上。滤膜上载附的悬浮物较多时，应增加冷却时间。

另外，干燥器内的称量瓶不宜过多，避免碰撞；所有的称量过程应按照顺序号码依次进行。清洁水样的滤膜与浑浊水样的滤膜应分开冷却。称量瓶在使用前应仔细检查盖子本身的密闭性，淘汰进水的盖子。

⑦实验室的洁净度必须符合要求，防止因空气中粉尘、颗粒物等因素造成样品抽滤过程中增加的质量。

⑧分析操作人员在整个操作过程中，必须仔细、认真、勤洗手，避免由于个人原因造成称重上的误差。

4.3 数据记录与处理

数据记录于表 4-3 中。

表 4-3 原始数据记录表

分析编号	样品编号	取样体积/mL	悬浮物+滤膜与称量瓶恒重（A）/g				滤膜与称量瓶恒重（B）/g				样品重/g	样品浓度/（mg/L）	平行双样测定结果		
			称量日期	1	2	平均	称量日期	1	2	平均			平均值/（mg/L）	相对偏差/%	是否合格

分析人：　　　　校对人：　　　　审核人：

4.4 出具报告

封面：

检 测 报 告 书

样品名称________________________

被检单位________________________

检测单位________________________

报告日期　　年　月　日

首页及正文：

__________分析测试中心

字（20　年）第　号

共　页，第　页

样品名称____________________________　　检测类别　委托　

被检单位____________________________　　样品编号__________

样品类别__________　包装情况__________　收样日期__________

采样日期__________　采样地点______________________________

样品性状____________________　样品数量__________　检测日期__________

检测项目____

____

检测结果及评价依据：

测定值：______________________　评价依据：______________________

结论及评价：

结论：______________________　评价：______________________

检测环境条件：__________　温度：______　相对湿度：__________　气压：__________

主要检测仪器设备：

名称：______________　编号：______________　型号：______________

名称：______________　编号：______________　型号：______________

名称：______________　编号：______________　型号：______________

报告编制：　　　　复核：　　　　签发：

盖　章

年　月　日

4.5 实训评价

4.5.1 操作规范评分表

操作规范评分表见表 4-4。

表 4-4 操作规范评分表

序号	考核点	配分	评分标准	扣分	得分
一	称量	18			
1	分析天平称量前准备	4	①天平未水平，扣 2 分； ②秤盘不清洁，扣 2 分		
2	分析天平称量操作	9	①干燥器盖子放置不正确，扣 1 分； ②手直接触及被称物容器或被称物容器放在台面上，扣 2 分； ③称量瓶放置不当，扣 1 分； ④开关天平门操作不当，扣 1 分； ⑤读数及记录不正确，扣 1 分		
3	称量后处理	5	①天平门未关，扣 1 分； ②天平内外不清洁，扣 1 分； ③未检查零点，扣 1 分； ④凳子未归位，扣 1 分； ⑤未做使用记录，扣 1 分		
二	烘干操作	12	①103～105℃下烘干，不正确的扣 4 分； ②放在干燥器里冷却至室温，不正确的扣 4 分； ③称量恒重（两次称量的质量差≤0.2 mg），不恒重的扣 4 分		
三	水样测定	20	①水样要搅拌均匀，不正确的扣 5 分； ②用量筒量取水样，不正确的扣 5 分； ③水样的取用量不合适，扣 10 分		
四	过滤操作	16	①使用 0.45 μm 的滤膜，不正确的扣 2 分； ②过滤装置安装不合理，扣 4 分； ③倾倒溶液时要用玻璃棒引流，不正确的扣 2 分； ④玻璃棒应低于滤纸边缘并倾斜，不正确的扣 2 分； ⑤烧杯应洗涤 3～4 次，不正确的扣 2 分		
五	原始记录	10	数据未直接填在报告单上、数据不全、有效数字位数不对、有空项，原始记录中，缺少计量单位每项扣 2 分，数据更改每项扣 5 分		
六	文明操作	6			
1	实验室整洁	2	实验过程中台面、地面脏乱，废液处置不当，一次性扣 2 分		
2	清洗仪器、试剂等物品归位	2	实验结束后未先清洗仪器或试剂物品未归位就完成报告，一次性扣 2 分		
3	仪器损坏	2	仪器损坏，一次性扣 2 分		
七	测定结果准确度	18	①测定值在保证值±1 s 内，不扣分； ②测定值在保证值±（2～10）s，扣 1～9 分		
	最终合计	100			

4.5.2 实训总体评价

实训总体评价见表 4-5。

表 4-5 实训总体评价

序号	项目内容	权重/%	自评分（50%）	小组评分（50%）	综合分
职业素养	纪律	5			
	团队精神	5			
	职业综合能力	10			
职业技能	实训准备	5			
	操作规范	50			
	数据处理	20			
	报告编制	5			
综合得分					
请根据以上打分情况，对本实训当中的工作和学习状态进行总体评述，分析自己的不足之处，描述今后的改进措施。					
教师评价：					

项目 5 水质 pH 的测定——电极法

实训目标

- **能力（技能）目标**

①掌握酸度计的使用方法。

②掌握电极法测定 pH 的步骤。

- **认知（知识）目标**

①掌握 pH 的基础知识。

②掌握 pH 计的测定方法和原理。

- **其他（素质）目标**

①培养良好的职业道德、工作态度和责任感。

②培养良好的计划组织能力。

③培养良好的团队协作精神。

④遵守实验室安全操作规定。

⑤遵守环境保护规定。

能力训练任务

①阅读样品检测委托协议。

②样品的采集和保存。

③pH 计的校准。

④样品的测定。

⑤报告编制。

项目 5
讲解与示范

5.1 接受任务

填写委托检测协议（表 5-1）。

表 5-1 委托检测协议

委托单位信息	名称：				
	地址：				
	联系人：			联系电话：	
	传真：			电子邮箱：	
受理单位信息	名称：				
	地址：				
	联系人：			联系电话：	
	传真：			电子邮箱：	
委托内容	检测项目： 检测参数/方法：				
	检测依据	□由委托单位指定检测方法 □由受理单位选定合适的检测方法			
来样形式	□受理单位采样　□委托单位自采				
委托样品	□水样　□泥样　□固体样品　□气体样品				
样品数量		采样容器		样品量	
样品状态	□浊　□较浊　□较清洁　□清洁 □黑色　□灰色　□其他颜色				
样品存放条件	□室温　□避光　□冷藏（4℃）		样品处置	□退回　□自由处置	
是否比对	□否 □是（比对项目：________ 指定比对方：________）				
检测期限	□标准（7 个工作日内）　□委托单位指定：________　□其他：________				
报告发送	□自取　□快递到付　□快递已付　□传真/邮件				
	报告邮寄地址：				
付款方式	□无预付款　□有预付款（预付：________）　□定期结算　□其他：________				
备 注					
委托方签字：　日期：			受理方签字：　日期：		

5.2 实施检测

5.2.1 预备知识

pH 是水溶液最重要的理化参数之一。pH 有时也称氢离子指数，由于氢离子活度的数值往往很小，在应用上很不方便，所以就用 pH。水的 pH 是以水中氢离子浓度的负对数值这一概念来作为水溶液酸性、碱性的判断指标。而且，氢离子浓度的负对数值能够表示出酸性、碱性的变化幅度的数量级的大小，这样应用起来就十分方便，并由此得到（在 25℃下）：

①中性水溶液，pH=7；

②酸性水溶液，pH＜7，pH 越小，表示酸性越强；

③碱性水溶液，pH＞7，pH 越大，表示碱性越强。

可以通过 pH 指示剂、pH 试纸和电极法等多种方法来测量溶液的 pH。

电极法的测定原理是 pH 由测量电池的电动势而得。该电池通常由参比电极和氢离子指示电极组成。溶液每变化 1 个 pH 单位，在同一温度下电位差的改变是常数，据此在仪器上直接以 pH 的读数表示。

5.2.2 实训准备

实训准备见表 5-2。

表 5-2 实训准备

准备事宜	序号	名 称	方 法
样品的采集和保存	最好现场测定，或采集样品于聚乙烯瓶中，样品充满容器立即密封，2 h 内完成测定		
实训试剂	(1)	实验用水	新制备的去除二氧化碳的蒸馏水。将水注入烧杯中，煮沸 10 min，加盖放置冷却。临用现制
	(2)	邻苯二甲酸氢钾（$C_8H_5KO_4$）	于 110～120℃下干燥 2 h，置于干燥器中保存，待用
	(3)	无水磷酸氢二钠（Na_2HPO_4）	于 110～120℃下干燥 2 h，置于干燥器中保存，待用
	(4)	磷酸二氢钾（KH_2PO_4）	于 110～120℃下干燥 2 h，置于干燥器中保存，待用
	(5)	四硼酸钠（$Na_2B_4O_7·10H_2O$）	与饱和溴化钠（或氯化钠加蔗糖）溶液（室温）共同置于干燥器中 48 h，使四硼酸钠晶体保持稳定
	(6)	标准缓冲溶液Ⅰ：c（$C_8H_5KO_4$）=0.05 mol/L，pH=4.00（25℃）	称取 10.12 g（2）邻苯二甲酸氢钾，溶于（1）水中，转移至 1 L 容量瓶中并定容至标线。也可购买市售合格标准缓冲溶液，按照说明书使用
	(7)	标准缓冲溶液Ⅱ：c（Na_2HPO_4）=0.025 mol/L，c（KH_2PO_4）=0.025 mol/L，pH=6.86（25℃）	分别称取 3.53 g（3）无水磷酸氢二钠和 3.39 g（4）磷酸二氢钾，溶于（1）水中，转移至 1 L 容量瓶中并定容至标线。也可购买市售合格标准缓冲溶液，按照说明书使用
	(8)	标准缓冲溶液Ⅲ：c（$Na_2B_4O_7$）=0.01 mol/L，pH=9.18（25℃）	称取 3.80 g（5）四硼酸钠，溶于（1）水中，转移至 1 L 容量瓶中并定容至标线，在聚乙烯瓶中密封保存。也可购买市售合格标准缓冲溶液，按照说明书使用
标准缓冲溶液的保存	注：①上述 pH 标准缓冲溶液于 4℃以下冷藏可保存 2～3 个月。发现有浑浊、发霉或沉淀等现象时，不能继续使用；②当被测样品 pH 过高或过低时，可选用与其 pH 相近的其他标准缓冲溶液		
其他	pH 广泛试纸		
	酸度计：精度为 0.01 个 pH 单位，具有温度补偿功能，pH 测定范围为 0～14		
	电极：分体式 pH 电极或复合 pH 电极		

5.2.3 分析检测

测定前准备

按照使用说明书对电极进行活化和维护，确认仪器正常工作。现场测定应了解现场环境条件以及样品的来源和性质，初步判断是否存在强酸碱、高电解质、低电解质、高氟化物等干扰，并进行相应的准备。

↓

校准溶液

使用 pH 广泛试纸粗测样品的 pH，根据样品的 pH 大小选择两种合适的校准用标准缓冲溶液。两种标准缓冲溶液 pH 相差约 3 个 pH 单位。样品 pH 尽量在两种标准缓冲溶液 pH 范围内，如果超出范围，样品 pH 至少与其中一个标准缓冲溶液 pH 之差不超过 2 个 pH 单位。

↓

温度补偿

手动温度补偿的仪器，将标准缓冲溶液的温度调节至与样品的实际温度相一致，用温度计测量并记录温度。校准时，将酸度计的温度补偿旋钮调至该温度上。带有自动温度补偿功能的仪器，无须将标准缓冲溶液与样品保持同一温度，按照仪器说明书进行操作。

注：现场测定时必须使用带有自动温度补偿功能的仪器。

↓

校准方法

采用两点校准法，按照仪器说明书选择校准模式，先用中性（或弱酸、弱碱）标准缓冲溶液，再用酸性或碱性标准缓冲溶液校准。

（1）将电极浸入第一个标准缓冲溶液，缓慢水平搅拌，避免产生气泡，待读数稳定后，调节仪器示值与标准缓冲溶液的 pH 一致。

（2）用蒸馏水冲洗电极并用滤纸边缘吸去电极表面水分，将电极浸入第二个标准缓冲溶液中，缓慢水平搅拌，避免产生气泡，待读数稳定后，调节仪器示值与标准缓冲溶液的 pH 一致。

（3）重复步骤（1），待读数稳定后，仪器的示值与标准缓冲溶液的 pH 之差应小于等于 0.05 个 pH 单位，否则重复步骤（1）和（2），直至合格。

注：①也可采用多点校准法，按照仪器说明书操作，在测定实际样品时，需采用 pH 相近（不得大于 3 个 pH 单位）的有证标准样品或标准物质核查。

②酸度计 1 min 内读数变化小于 0.05 个 pH 单位即可视为读数稳定。

↓

样品测定

用蒸馏水冲洗电极并用滤纸边缘吸去电极表面水分，现场测定时根据使用的仪器取适量样品或直接测定；实验室测定时将样品沿杯壁倒入烧杯中，立即将电极浸入样品中，缓慢水平搅拌，避免产生气泡。待读数稳定后记下 pH。具有自动读数功能的仪器可直接读取数据。每个样品测定后用蒸馏水冲洗电极。测定结果保留小数点后 1 位，并注明样品测定时的温度。当测量结果超出测量范围（0～14）时，以“强酸，超出测量范围”或“强碱，超出测量范围”报出。

5.2.4 质量控制和保证

①每批样品测定前应对仪器进行校准，当样品 pH 变化较大或监测场地变化时均应重新校准。

②每连续测定 20 个样品或每批次（≤20 个样品/批）应分析 1 个有证标准样品或标准物质，测定结果应在保证值范围内，否则应重新校准，重新测定该批次样品。

③每 20 个样品或每批次（≤20 个样品/批）应分析 1 个平行样。当 pH 为 6～9 时，允许差为±0.1 个 pH 单位；当 pH≤6 或 pH≥9 时，允许差为±0.2 个 pH 单位。测定结果取第一次测定值。

④为减少空气中酸碱性气体的溶入，或样品中相应物质的挥发，测定前不应提前打开采样瓶。

5.3 数据记录与处理

原始数据记录在表 5-3 中。

表 5-3 原始数据记录表

检验地点： 日期： 环境温度/相对湿度： ℃/ %

检验方法依据：

仪器名称及型号		仪器编号	
样品温度及温度补偿	℃		
以标准缓冲溶液校正	（1）pH=	（2）pH=	

<table>
<tr><td rowspan="11">样品检验</td><td>样 品 编 号</td><td>pH</td><td>平均值</td></tr>
<tr><td></td><td></td><td rowspan="2"></td></tr>
<tr><td></td><td></td></tr>
<tr><td></td><td></td><td rowspan="2"></td></tr>
<tr><td></td><td></td></tr>
<tr><td></td><td></td><td rowspan="2"></td></tr>
<tr><td></td><td></td></tr>
<tr><td></td><td></td><td rowspan="2"></td></tr>
<tr><td></td><td></td></tr>
<tr><td></td><td></td><td rowspan="2"></td></tr>
<tr><td></td><td></td></tr>
</table>

备注：

分析人： 校对人： 审核人：

5.4 出具报告

封面：

检 测 报 告 书

样品名称______________________________

被检单位______________________________

检测单位______________________________

报告日期　　　年　　月　　日

首页及正文：

__________分析测试中心

字（20　　年）第　　号

共　　页，第　　页

样品名称____________________________________　检测类别____委托____

被检单位____________________________________　样品编号__________

样品类别__________　包装情况________________　收样日期__________

采样日期__________　采样地点____

样品性状____________________________　样品数量____________　检测日期__________

检测项目____

____

检测结果及评价依据：

测定值：____________________________　评价依据：____________________________

结论及评价：

结论：______________________________　评价：______________________________

检测环境条件：________　温度：______　相对湿度：__________　气压：__________

主要检测仪器设备：

名称：____________________　编号：________________　型号：________________

名称：____________________　编号：________________　型号：________________

名称：____________________　编号：________________　型号：________________

报告编制：　　　　　　　　　复核：　　　　　　　　　签发：

盖　章

年　　月　　日

5.5 实训评价

5.5.1 操作规范评分表

操作规范评分表见表 5-4。

表 5-4 操作规范评分表

序号	考核点	配分	评分标准	扣分	得分
一	仪器准备	10			
1	玻璃仪器洗涤	5	①未用蒸馏水清洗 2 遍以上，扣 3 分； ②玻璃仪器出现挂水珠现象，扣 2 分		
2	电极的准备	5	电极在使用前未活化和维护，扣 5 分		
二	标准溶液的配制	30			
1	标准溶液的配制	10	①称量不准确，扣 5 分； ②标准工作液未贴标签或标签内容不全（包括名称、浓度、日期、配制者），扣 5 分		
2	溶液配制过程中有关的实验操作	20	①未进行容量瓶试漏检查，扣 2 分； ②容量瓶加蒸馏水时未沿器壁流下或产生大量气泡，扣 2 分； ③蒸馏水瓶管尖接触容器，扣 2 分； ④加水至容量瓶约 3/4 体积时没有平摇，扣 2 分； ⑤容量瓶、比色管加水至近标线等待 1 min，没有等待的，扣 2 分； ⑥容量瓶逐滴加入蒸馏水至标线操作不当或定容不准确，扣 2 分； ⑦持瓶方式不正确，扣 2 分； ⑧容量瓶未充分混匀或中间未开塞，扣 2 分； ⑨溶液使用前没有盖塞充分摇匀，扣 2 分； ⑩取完试剂后未及时盖上试剂瓶盖，扣 2 分； ⑪重新配标准溶液，一次性扣 5 分		
三	酸度计使用	35			
1	电极准备	15	①电极头未先用蒸馏水冲洗，扣 5 分； ②用蒸馏水冲洗后，未再用标准缓冲液冲洗电极头，扣 5 分； ③最后未用滤纸将水吸干，扣 5 分		
2	电极校准	5	未用标准溶液校准电极，扣 5 分		
3	样品测定	10	①测定 pH 时，玻璃电极的球泡应全部浸入溶液中，并使其稍高于甘汞电极的陶瓷芯端，未按要求扣 5 分； ②测定 pH 时，为减少空气和水样中二氧化碳的溶入或挥发，在测水样之前，不应提前打开水样瓶。提前打开水样扣 5 分		
4	测定后的处理	5	①台面不清洁，扣 1 分； ②电极未洗涤，扣 2 分； ③测定结束，未做使用记录登记，扣 1 分； ④未关闭仪器电源，扣 1 分		
四	实验数据处理	5			
1	原始记录	5	数据未直接填在报告单上、数据不全、有效数字位数不对、有空项，原始记录中缺少计量单位，数据更改，每项扣 0.5 分，可累计扣分，但不超过该项总分 5 分		

序号	考核点	配分	评分标准	扣分	得分
五	文明操作	20			
1	实验室整洁	5	实验过程中台面、地面脏乱，废液处置不当，一次性扣 5 分		
2	清洗仪器、试剂等物品归位	5	实验结束后未先清洗仪器或试剂物品未归位就完成报告，一次性扣 5 分		
3	仪器损坏	10	仪器损坏，一次性扣 10 分		
最终合计		100			

5.5.2 实训总体评价

实训总体评价见表 5-5。

表 5-5 实训总体评价

序号	项目内容	权重/%	自评分（50%）	小组评分（50%）	综合分
职业素养	纪律	5			
	团队精神	5			
	职业综合能力	10			
职业技能	实训准备	5			
	操作规范	50			
	数据处理	20			
	报告编制	5			
综合得分					
请根据以上打分情况，对本实训当中的工作和学习状态进行总体评述，分析自己的不足之处，描述今后的改进措施。					
教师评价：					

项目 6　溶解氧的测定——碘量法

实训目标

- **能力（技能）目标**

①掌握滴定管的使用方法。

②掌握硫代硫酸钠溶液的标定方法。

③掌握碘量法测定溶解氧的步骤。

- **认知（知识）目标**

①掌握溶解氧基础知识。

②掌握碘量法测定溶解氧的实验原理。

③能够计算溶解氧浓度。

- **其他（素质）目标**

①培养良好的职业道德、工作态度和责任感。

②培养良好的计划组织能力。

③培养良好的团队协作精神。

④遵守实验室安全操作规定。

⑤遵守环境保护规定。

能力训练任务

①阅读样品检测委托协议。

②样品的采集和保存。

③样品的前处理。

④硫代硫酸钠溶液的标定。

⑤样品的测定。

⑥数据的计算与处理。

⑦报告编制。

项目 6
讲解与示范

6.1 接受任务

填写委托检测协议（表 6-1）。

表 6-1 委托检测协议

<table>
<tr><td rowspan="4">委托单位信息</td><td colspan="4">名称：</td></tr>
<tr><td colspan="4">地址：</td></tr>
<tr><td colspan="3">联系人：</td><td>联系电话：</td></tr>
<tr><td colspan="3">传真：</td><td>电子邮箱：</td></tr>
<tr><td rowspan="4">受理单位信息</td><td colspan="4">名称：</td></tr>
<tr><td colspan="4">地址：</td></tr>
<tr><td colspan="3">联系人：</td><td>联系电话：</td></tr>
<tr><td colspan="3">传真：</td><td>电子邮箱：</td></tr>
<tr><td rowspan="2">委托内容</td><td colspan="4">检测项目：
检测参数/方法：</td></tr>
<tr><td>检测依据</td><td colspan="3">□由委托单位指定检测方法
□由受理单位选定合适的检测方法</td></tr>
<tr><td>来样形式</td><td colspan="4">□受理单位采样 □委托单位自采</td></tr>
<tr><td>委托样品</td><td colspan="4">□水样 □泥样 □固体样品 □气体样品</td></tr>
<tr><td>样品数量</td><td></td><td>采样容器</td><td></td><td>样品量</td></tr>
<tr><td>样品状态</td><td colspan="4">□浊 □较浊 □较清洁 □清洁
□黑色 □灰色 □其他颜色</td></tr>
<tr><td>样品存放条件</td><td colspan="2">□室温 □避光 □冷藏（4℃）</td><td>样品处置</td><td>□退回 □自由处置</td></tr>
<tr><td>是否比对</td><td colspan="4">□否
□是（比对项目：________ 指定比对方：________）</td></tr>
<tr><td>检测期限</td><td colspan="4">□标准（7 个工作日内） □委托单位指定：________ □其他：________</td></tr>
<tr><td rowspan="2">报告发送</td><td colspan="4">□自取 □快递到付 □快递已付 □传真/邮件</td></tr>
<tr><td colspan="4">报告邮寄地址：</td></tr>
<tr><td>付款方式</td><td colspan="4">□无预付款 □有预付款（预付：________） □定期结算 □其他：________</td></tr>
<tr><td>备 注</td><td colspan="4"></td></tr>
<tr><td colspan="2">委托方签字： 日期：</td><td colspan="3">受理方签字： 日期：</td></tr>
</table>

6.2 实施检测

6.2.1 预备知识

溶解于水中的分子态氧称为溶解氧。水中溶解氧的含量与大气压力、水温及含盐量等因素有关。大气压力下降、水温升高、含盐量增加，都会导致溶解氧含量降低。

清洁地表水溶解氧接近饱和。当有大量藻类繁殖时，溶解氧可能过饱和；当水体受到有机物质、无机还原物质污染时，会使溶解氧含量降低，甚至趋于零，此时厌氧细菌繁殖活跃，水质恶化。水中溶解氧低于 4 mg/L 时，许多鱼类呼吸困难；溶解氧继续减少，则会导致鱼类窒息死亡。一般规定水体中的溶解氧至少在 4 mg/L 以上。

水中的溶解氧虽然不是污染物质，但通过溶解氧的测定，可以大体估计水中以有机物为主的还原性物质的含量，是衡量水质优劣的重要指标。在废水生化处理过程中，溶解氧也是一项重要的控制指标。

测定水中溶解氧的方法有碘量法、修正的碘量法和氧电极法。清洁水可用碘量法；受污染的地面水和工业废水必须用修正的碘量法或氧电极法。

碘量法实验原理为水样中加入硫酸锰和碱性碘化钾，水中溶解氧将低价锰氧化成高价锰，生成四价锰的氢氧化物棕色沉淀。加酸后，氢氧化物沉淀溶解并与碘离子反应释放出游离碘。以淀粉为指示剂，用硫代硫酸钠滴定释放出的碘，计算溶解氧的含量。

6.2.2 实训准备

实训准备见表 6-2。

表 6-2 实训准备

准备事宜	序号	名　称	方　法
样品的采集和保存	水样应采集在细口瓶中，测定就在瓶内进行，水样充满全部细口瓶。 取地表水时应充满细口瓶至溢流，避免溶解氧浓度的改变。在消除附着在玻璃瓶上的气泡之后，立即固定溶解氧。 从配水系统管路中取水样时，需将一惰性材料管的入口与管道连接，将管子出口插入细口瓶的底部，用溢流冲洗的方式冲入大约 10 倍细口瓶体积的水，最后注满瓶子，在消除附着在玻璃瓶上的空气泡之后，立即固定溶解氧。 若不同深度取水样，则用一种特别的取样器，内盛细口瓶，瓶上装有橡胶入口管并插入细口瓶的底部。当溶液充满细口瓶时将瓶中空气排出，避免溢流		
实训试剂	（1）	（1+1）硫酸溶液	小心将 500 mL 浓硫酸（ρ=1.84 g/mL）在不停搅动下加到 500 mL 水中
	（2）	硫酸溶液 [c（$1/2H_2SO_4$）= 2 mol/L]	小心将 54.2 mL 浓硫酸（ρ=1.84 g/mL）慢慢在不停搅动下加到适量水中，稀释到 1 L 即可
	（3）	碱性碘化物-叠氮化钠试剂	将 35 g 氢氧化钠（NaOH）[或 50 g 氢氧化钾（KOH）] 和 30 g（10）碘化钾（KI）[或 27 g 碘化钠（NaI）] 溶解在大约 50 mL 水中。 单独将 1 g 叠氮化钠（NaN_3）溶于几毫升水中。 将上述两种溶液混合并稀释至 100 mL。贮存于棕色瓶中，用橡皮塞塞紧，避光保存。此溶液酸化后，遇淀粉应不呈蓝色

准备事宜	序号	名　称	方　法
实训试剂	（4）	无水二价硫酸锰溶液（ρ =340 g/L）	或用一水硫酸锰溶液（ρ =380 g/L）；可用四水二价氯化锰溶液代替（ρ =450 g/L）。过滤不澄清的溶液
	（5）	碘酸钾标准溶液［c（1/6KIO_3）=10 mmol/L］	在 180℃干燥数克碘酸钾（KIO_3），称取（3.567±0.003）g 溶解于水中并稀释至 1 000 mL。将上述溶液吸取 100 mL 移入 1 000 mL 容量瓶中，用水稀释至标线
	（6）	硫代硫酸钠标准滴定溶液［c（$Na_2S_2O_3$）≈10 mmol/L］	将 2.5 g 五水硫代硫酸钠溶解于新煮沸并冷却的水中，再加 0.4 g 氢氧化钠，并稀释至 1 000 mL。溶液贮存于深色玻璃瓶中。 硫代硫酸钠溶液的标定： 在锥形瓶中用 100～150 mL 的水溶解约 0.5 g（10）碘化钾或碘化钠，加入 5 mL（2）硫酸溶液，混合均匀，加 20.00 mL（5）标准碘酸钾溶液，稀释至约 200 mL，立即用（6）硫代硫酸钠标准滴定溶液滴定释放出的碘，当接近滴定终点时，溶液呈浅黄色，加淀粉指示剂（7），再滴定至完全无色。硫代硫酸钠溶液浓度： $$c(\text{mmol/L})=\frac{6\times 20\times 1.66}{V}$$ 式中：V——硫代硫酸钠溶液滴定量，mL。 每日标定 1 次溶液
	（7）	淀粉指示剂（c=10 g/L）	称取 1.0 g 可溶性淀粉于 150 mL 烧杯中，用少量水调成糊状，慢慢倒入 100 mL 沸水，继续煮沸至溶液澄清，冷却后贮存于试剂瓶中
	（8）	酚酞（c=1 g/L）	0.05 g 酚酞溶于 50 mL 95%（V/V）乙醇中
	（9）	碘溶液（c≈0.005 mol/L）	4～5 g（10）碘化钾或碘化钠溶解于少量水中，加入约 130 mg 碘，待碘溶解后稀释至 100 mL
	（10）	碘化钾或碘化钠（分析纯）	
	（11）	次氯酸钠溶液（游离氯含量约 4 g/L）	用稀释浓次氯酸钠溶液的办法制备，用碘量法测定溶液的浓度
水样的预处理	检验氧化物或还原物质是否存在		取 50 mL 待测水，加 2 滴酚酞溶液后，中和水样。加 0.5 mL（2）硫酸溶液、几粒（10）碘化钾或碘化钠（质量约 0.5 g）和几滴淀粉指示剂溶液。如果溶液呈蓝色，则有氧化物质存在。如果溶液保持无色，加 0.2 mL 碘溶液，震荡，放置 30 s。如果没有呈蓝色，则其中还存在还原物质

6.2.3 分析检测

采水样充满至 3 个细口瓶，注入水样应溢流出瓶容积的 1/3～1/2。

↓

最好在采样现场加入 1 mL（4）无水二价硫酸锰溶液和 2 mL（3）碱性碘化物-叠氮化钠试剂。使用细尖头的移液管，将试剂加到液面以下，小心盖上盖子，避免带入空气泡。

将细口瓶上下颠倒转动几次，充分混合，静置沉淀 5 min 以上，再颠倒混合均匀。将样品送至实验室。

↓

慢速加入 1.5 mL（1）硫酸溶液，盖上瓶盖，摇匀，完全溶解沉淀物。

↓

将细口瓶中的部分溶液（V_1）转移至锥形瓶中，用（6）硫代硫酸钠标准滴定溶液滴定，在接近终点时，加入（7）淀粉指示剂。

↓

溶解氧含量（c_1，mg/L）的计算：

$$c_1 = \frac{M_r V_2 C f_1}{4V_1}$$

式中：M_r——氧的分子量，M_r=32；

V_1——滴定时样品的体积，mL，一般取 V_1=100 mL；

V_2——滴定样品所耗硫代硫酸钠溶液的体积，mL；

C——硫代硫酸钠溶液的实际浓度，mmol/L。

$$f_1 = \frac{V_0}{V_0 - V'}$$

式中：V_0——细口瓶的体积，mL；

V'——二价硫酸锰溶液（1 mL）和碱性试剂（2 mL）体积的总和。结果取 1 位小数。

6.2.4 质量控制和保证

①试样样品中存在氧化性物质时通过滴定第二个实验样品来测定除溶解氧以外的氧化性物质的含量以修正监测结果。

方法：采样时取两个实验样品。第一个样品按照常规方法测定。第二个样品定量转移至大小适宜的锥形瓶内，加 1.5 mL（2）硫酸溶液，然后再加 2 mL（3）碱性碘化物-叠氮化钠试剂和 1 mL（4）无水二价硫酸锰溶液，放置 5 min。用（6）硫代硫酸钠标准滴定溶液滴定，在滴定快到终点时，加入（7）淀粉指示剂。溶解氧含量：

$$c_2=\frac{M_rV_2Cf_1}{4V_1}-\frac{M_rV_4C}{4V_3}$$

式中：V_3——盛第二个试样的细口瓶体积，mL；

V_4——滴定第二个试样用去的硫代硫酸钠的溶液体积，mL。

②试样样品中存在还原性物质时加入过量（11）次氯酸钠溶液，氧化第一个和第二个试样中的还原性物质。测定一个试样中的溶解氧含量。测定另一个试样中过剩的次氯酸钠量。

方法：取两个试样，向两个试样中各加入 1.00 mL（11）次氯酸钠溶液，盖好细口瓶盖，混合均匀。

第一个样品按照常规方法测定。第二个样品定量转移至大小适宜的锥形瓶内，加入 1.5 mL（2）硫酸溶液，然后再加 2 mL（3）碱性碘化物-叠氮化钠试剂和 1 mL（4）无水二价硫酸锰溶液，放置 5 min。用（6）硫代硫酸钠滴定，在滴定快到终点时，加（7）淀粉指示剂。溶解氧含量：

$$c_3=\frac{M_rV_2Cf_2}{4V_1}-\frac{M_rV_4C}{4(V_3-V_5)}$$

式中：V_5——加到试样中的次氯酸钠溶液的体积，mL（通常 V_5=1.00 mL）；

$$f_2=\frac{V_0}{V_0-V_5-V'}$$

V'——无水二价硫酸锰溶液（1 mL）和碱性试剂（2 mL）体积的总和；

V_0——盛第一个试样样品的细口瓶的体积，mL。

③试样样品中含有固定或消耗碘的悬浮物时用明矾将悬浮物絮凝，然后分离并排除这种干扰。

将待测水充入容积约 1 000 mL 的具玻璃塞细口瓶中，直至溢出。用移液管在液面下加 20 mL 硫酸钾铝溶液（10%溶液）和 4 mL 氨溶液（ρ=0.918 g/mL），盖上细口瓶盖，将瓶子颠倒摇动几次使其充分混合。待沉淀物沉降。将顶部清液虹吸至两个细口瓶内。检验氧化还原性物质是否存在，再按照上面的相应步骤进行测定。

含有固定或消耗碘的悬浮物时，溶解氧含量（c_1）的矫正因子计算公式：

$$F=\frac{V_6}{V_6-V''}$$

式中：V_6——用来采样的细口瓶体积，mL；

V''——硫酸钾铝溶液（20 mL）和氨溶液（4 mL）的总体积。

6.3 数据记录与处理

①硫代硫酸钠溶液的标定，原始数据记录在表 6-3 中。

②水质样品的测定，原始数据记录在表 6-4 中。

表 6-3 硫代硫酸钠溶液标定数据记录表

平行测定次数	1	2	3
平行样硫代硫酸钠溶液滴定量（V）/mL			
硫代硫酸钠溶液的浓度（c）/（mol/L）			
硫代硫酸钠溶液的平均浓度（$\bar{c}$）/（mol/L）			

表 6-4 水质样品溶解氧测定数据记录表

平行测定次数	1	2	3
滴定时样品的体积（V_1）/mL			
滴定样品所耗硫代硫酸钠溶液的体积（V_2）/mL			
硫代硫酸钠溶液的实际浓度（c）/（mol/L）			
细口瓶的体积（V_0）/mL			
二价硫酸锰溶液和碱性试剂体积的总和（V'）/mL			
样品溶解氧的测定结果/（mg/L）			
平均溶解氧含量/（mg/L）			
相对标准偏差（R_d）/%			

分析人： 校对人： 审核人：

6.4 出具报告

封面：

检 测 报 告 书

样品名称________________

被检单位________________

检测单位________________

报告日期　　年　月　日

首页及正文：

__________分析测试中心

字（20　年）第　号

共　页，第　页

样品名称________________　检测类别　委托　

被检单位________________　样品编号________

样品类别________　包装情况________　收样日期________

采样日期________　采样地点________________

样品性状________________　样品数量________　检测日期________

检测项目________________________________

____

检测结果及评价依据：

测定值：________________　评价依据：________________

结论及评价：

结论：________________　评价：________________

检测环境条件：________　温度：______　相对湿度：________　气压：________

主要检测仪器设备：

名称：________________　编号：____________　型号：____________

名称：________________　编号：____________　型号：____________

名称：________________　编号：____________　型号：____________

报告编制：　复核：　签发：

盖　章

年　月　日

6.5 实训评价

6.5.1 操作规范评分表

操作规范评分表见表 6-5。

表 6-5 操作规范评分表

序号	考核点	配分	评分标准	扣分	得分
一	仪器准备	2	①未用蒸馏水清洗 2 遍以上，扣 1 分； ②玻璃仪器出现挂水珠现象，扣 1 分		
二	溶液的配制	12	①未进行容量瓶试漏检查，扣 0.5 分； ②容量瓶、比色管加蒸馏水时未沿器壁流下或产生大量气泡，扣 0.5 分； ③蒸馏水瓶管尖接触容器，扣 0.5 分； ④加水至容量瓶约 3/4 体积时没有平摇，扣 0.5 分		
			①容量瓶、比色管加水至近标线等待 1 min，没有等待的，扣 0.5 分； ②容量瓶、比色管逐滴加入蒸馏水至标线操作不当或定容不准确，扣 0.5 分； ③持瓶方式不正确，扣 0.5 分； ④容量瓶未充分混匀或中间未开塞，扣 0.5 分； ⑤溶液使用前没有盖塞充分摇匀，扣 0.5 分； ⑥润洗方法不正确，扣 0.5 分； ⑦将移液管中过多的贮备液放回贮备液瓶中，扣 0.5 分； ⑧移液管管尖触底，扣 0.5 分； ⑨移液管出现吸空现象，扣 1 分； ⑩移液管移取标准贮备液、标准工作液、水样原液及水样稀释液前未处理管尖溶液，扣 0.5 分； ⑪移取标准贮备液、标准工作液及水样原液时未另用一烧杯调节液面，扣 0.5 分； ⑫移液管移取标准贮备液、标准工作液、水样原液及水样稀释液时，调节液面前未处理管尖部，扣 0.5 分； ⑬移液管未能一次调节到刻度，扣 1 分； ⑭移液管放液不规范，扣 1 分； ⑮取完试剂后未及时盖上试剂瓶盖，扣 0.5 分； ⑯重新配标准工作溶液，一次性扣 5 分		
三	采样方法	4	①取样前未润洗取样瓶，扣 1 分； ②取样时未插管到瓶底，扣 1 分； ③水样满后未保持溢流，扣 1 分； ④取样后未消除空气泡，扣 1 分		
四	试验样品中加固定剂	4	①加溶液时移液管管尖未伸入液面下，扣 2 分； ②移液管内有气泡，扣 1 分； ③加溶液后未充分颠倒混合均匀，扣 1 分		
五	游离试验样品中的碘	4	①未待沉淀到 1/3 以下时就加硫酸溶液，扣 1 分； ②加硫酸溶液时未慢速加入，扣 1 分； ③加溶液后未摇动瓶子至沉淀物完全溶解，扣 2 分		

序号	考核点	配分	评分标准	扣分	得分
六	硫代硫酸钠标准溶液的标定及水样标定	17			
1	碘的称量	4	①取固体碘的工具、方法不正确，扣1分； ②取样时固体颗粒撒落在量具外，扣1分； ③天平使用过程中未归零，扣1分； ④天平使用完未打扫，扣0.5分； ⑤天平使用完未关电源，扣0.5分		
2	测定前的准备	2	①滴定管选择不当，扣1分； ②不能正确校正滴定管，扣1分		
3	滴定操作	7	①滴定管回零不正确，扣0.5分； ②未能去除滴定管溶液中的气泡，扣1分； ③滴定管液面读数不正确，扣1分； ④锥形瓶摇晃不正确，扣1分； ⑤锥形瓶内壁上溶液处理不正确，扣1分； ⑥淀粉指示剂滴加不正确，扣0.5分； ⑦滴定过量，扣1分； ⑧重新取液滴定，每出现1次扣1分，但不超过4分		
4	测定后的处理	4	①台面不清洁，扣0.5分； ②未取出比色皿及未洗涤，扣1分； ③没有倒尽或控干比色皿，扣0.5分； ④测定结束，未做使用记录登记，扣1分； ⑤未关闭仪器电源，扣1分		
七	实验数据处理	12			
1	原始记录	10	数据未直接填在报告单上、数据不全、有效数字位数不对、有空项，原始记录中，缺少计量单位，数据更改每项扣1分，可累计扣分，但不超过该项总分10分		
2	有效数字运算	2	有效数字运算不规范，扣2分		
八	文明操作	20			
1	实验室整洁	5	实验过程中台面、地面脏乱，废液处置不当，一次性扣5分		
2	清洗仪器、试剂等物品归位	5	实验结束后未先清洗仪器或试剂物品未归位就完成报告，一次性扣5分		
3	仪器损坏	6	仪器损坏，一次性扣6分		
4	试剂用量	4	每组均准备有两倍用量的试剂，若还需添加，则一次性扣4分		
九	测定结果	25			
1	硫代硫酸钠标定浓度	5	①计算结果明显偏离理论计算值，扣4分； ②计算结果有效数字不对，扣1分		
2	测定结果精密度	10	①$\lvert R_d \rvert \leqslant 0.5\%$，不扣分； ②$0.5\% < \lvert R_d \rvert \leqslant 1.4\%$，扣1～9分； ③$\lvert R_d \rvert > 1.4\%$，扣10分； ④精密度计算错误或未计算先扣5分，再按相关标准扣分，但不超过10分； ⑤水样原液未做3份平行样，一次性扣10分		
3	测定结果准确度	10	①测定值在保证值±1 s内，不扣分； ②测定值在保证值±2 s内，扣3分； ③测定值在保证值±3 s内，扣7分； ④测定值在保证值±3 s外，不得分		
	最终合计	100			

6.5.2 实训总体评价

实训总体评价见表 6-6。

表 6-6 实训总体评价

序号	项目内容	权重/%	自评分（50%）	小组评分（50%）	综合分
职业素养	纪律	5			
	团队精神	5			
	职业综合能力	10			
职业技能	实训准备	5			
	操作规范	50			
	数据处理	20			
	报告编制	5			
综合得分					
请根据以上打分情况，对本实训中的工作和学习状态进行总体评述，分析自己的不足之处，描述今后的改进措施。					
教师评价：					

项目7　氨氮的测定
——纳氏试剂分光光度法

实训目标

- **能力（技能）目标**

①掌握分光光度计的使用方法。

②掌握纳氏试剂分光光度法测定氨氮的步骤。

③掌握标准曲线定量方法。

- **认知（知识）目标**

①掌握氨氮基础知识。

②掌握纳氏试剂分光光度法测定氨氮的实验原理。

③能够计算标准曲线方程及γ。

- **其他（素质）目标**

①培养良好的职业道德、工作态度和责任感。

②培养良好的计划组织能力。

③培养良好的团队协作精神。

④遵守实验室安全操作规定。

⑤遵守环境保护规定。

能力训练任务

①阅读样品检测委托协议。

②样品的采集和保存。

③样品的前处理。

④标准系列的测试与绘制。

⑤样品的测定。

⑥数据的计算与处理。

⑦报告编制。

项目7
讲解与示范

7.1 接受任务

填写委托检测协议（表 7-1）。

表 7-1 委托检测协议

<table>
<tr><td rowspan="4">委托单位信息</td><td colspan="5">名称：</td></tr>
<tr><td colspan="5">地址：</td></tr>
<tr><td colspan="4">联系人：</td><td>联系电话：</td></tr>
<tr><td colspan="4">传真：</td><td>电子邮箱：</td></tr>
<tr><td rowspan="4">受理单位信息</td><td colspan="5">名称：</td></tr>
<tr><td colspan="5">地址：</td></tr>
<tr><td colspan="4">联系人：</td><td>联系电话：</td></tr>
<tr><td colspan="4">传真：</td><td>电子邮箱：</td></tr>
<tr><td rowspan="2">委托内容</td><td colspan="5">检测项目：
检测参数/方法：</td></tr>
<tr><td>检测依据</td><td colspan="4">□由委托单位指定检测方法
□由受理单位选定合适的检测方法</td></tr>
<tr><td>来样形式</td><td colspan="5">□受理单位采样 □委托单位自采</td></tr>
<tr><td>委托样品</td><td colspan="5">□水样 □泥样 □固体样品 □气体样品</td></tr>
<tr><td>样品数量</td><td></td><td>采样容器</td><td></td><td>样品量</td><td></td></tr>
<tr><td>样品状态</td><td colspan="5">□浊 □较浊 □较清洁 □清洁
□黑色 □灰色 □其他颜色</td></tr>
<tr><td>样品存放条件</td><td colspan="2">□室温 □避光 □冷藏（4℃）</td><td>样品处置</td><td colspan="2">□退回 □自由处置</td></tr>
<tr><td>是否比对</td><td colspan="5">□否
□是（比对项目：________ 指定比对方：________）</td></tr>
<tr><td>检测期限</td><td colspan="5">□标准（7 个工作日内） □委托单位指定：________ □其他：________</td></tr>
<tr><td rowspan="2">报告发送</td><td colspan="5">□自取 □快递到付 □快递已付 □传真/邮件</td></tr>
<tr><td colspan="5">报告邮寄地址：</td></tr>
<tr><td>付款方式</td><td colspan="5">□无预付款 □有预付款（预付：________） □定期结算 □其他：________</td></tr>
<tr><td>备 注</td><td colspan="5"></td></tr>
<tr><td colspan="3">委托方签字： 日期：</td><td colspan="3">受理方签字： 日期：</td></tr>
</table>

7.2 实施检测

7.2.1 预备知识

氮是蛋白质、核酸、某些维生素等有机物中的重要组分。水体中含氮物质的主要来源是生活污水和某些工业废水。当含氮有机物进入水体后，由于微生物和氧的作用，可以逐步被分解或氧化为无机氨（NH_3）、铵（NH_4^+）、亚硝酸盐（NO_2^-）和最终产物硝酸盐（NO_3^-）。

水中有机氮、氨氮、亚硝酸盐氮和硝酸盐氮等指标的相对含量在一定程度上反映了含氮有机物进入水体的时间，分别代表有机氮转化为无机氮的各个不同阶段。

氨氮（NH_3-N）以游离氨（NH_3）和铵盐（NH_4^+）的形式存在于水体中。氨氮是水体中的营养素，可导致水体富营养化，是水体中的主要耗氧污染物，对鱼类及某些水生生物有毒害作用。氨氮对水生生物起危害作用的主要是游离氨，其毒性比铵盐大几十倍，并随碱性的增强而增大。氨氮毒性与水体的 pH 及水温有密切关系，一般情况下，pH 及水温越高，毒性越强。氨氮对水生生物的危害有急性和慢性之分。慢性氨氮中毒的危害为摄食量减少，生长减慢，组织损伤，氧在组织间的输送降低。鱼类对水中的氨氮比较敏感，氨氮含量高会导致鱼类死亡。急性氨氮中毒的危害为水生生物表现亢奋，在水中丧失平衡、抽搐，严重者甚至死亡。

以游离态的氨或铵离子等形式存在的氨氮与纳氏试剂反应生成淡红棕色络合物，该络合物的吸光度与氨氮含量成正比，于波长 420 nm 处测量吸光度。

7.2.2 实训准备

实训准备见表 7-2。

表 7-2 实训准备

准备事宜	序号	名 称	方 法
样品的采集和保存	水样采集在聚乙烯瓶或玻璃瓶内，要尽快分析。如需保存，应加硫酸使水样酸化至 pH＜2，2～5℃下可保存 7 d		
实训试剂	（1）	无氨水	离子交换法：蒸馏水通过强酸性阳离子交换树脂（氢型）柱，将流出液收集在带有磨口玻璃塞的玻璃瓶内。每升流出液加 10 g 同样的树脂，以利于保存
			蒸馏法：在 1 000 mL 的蒸馏水中，加 0.1 mL 硫酸（ρ = 1.84 g/mL），在全玻璃蒸馏器中重蒸馏，弃去前 50 mL 馏出液，然后将约 800 mL 馏出液收集在带有磨口玻璃塞的玻璃瓶内。每升馏出液加 10 g 强酸性阳离子交换树脂（氢型）
			纯水器法：用市售纯水器临用前制备
	（2）	轻质氧化镁（MgO）	不含碳酸盐，在 500℃下加热氧化镁，以除去碳酸盐
	（3）	盐酸（ρ = 1.18 g/mL）	分析纯

准备事宜	序号	名　称	方　法
实训试剂	（4）	纳氏试剂	①氯化汞-碘化钾-氢氧化钾（$HgCl_2$-KI-KOH）溶液 直接购买成品（按 HJ 535—2009 标准配制），避光保存
			②碘化汞-碘化钾-氢氧化钠（HgI_2-KI-NaOH）溶液 直接购买成品（按 HJ 535—2009 标准配制），避光保存
	（5）	酒石酸钾钠溶液（ρ=500 g/L）	称取 50.0 g 酒石酸钾钠（$KNaC_4H_6O_6 \cdot 4H_2O$）溶于 100 mL 水中，加热煮沸以驱除氨，充分冷却后稀释至 100 mL
	（6）	硫代硫酸钠溶液（ρ=3.5 g/L）	称取 3.5 g 硫代硫酸钠（$Na_2S_2O_3$）溶于水中，稀释至 1 000 mL
	（7）	硫酸锌溶液（ρ=100 g/L）	称取 10.0 g 硫酸锌（$ZnSO_4 \cdot 7H_2O$）溶于水中，稀释至 100 mL
	（8）	氢氧化钠溶液（ρ=250 g/L）	称取 25 g 氢氧化钠溶于水中，稀释至 100 mL
	（9）	氢氧化钠溶液（c=1 mol/L）	称取 4 g 氢氧化钠溶于水中，稀释至 100 mL
	（10）	盐酸溶液（c=1 mol/L）	量取 8.5 mL（3）盐酸于适量水中，用水稀释至 100 mL
	（11）	硼酸（H_3BO_3）溶液（ρ=20 g/L）	称取 20 g 硼酸溶于水，稀释至 1 L
	（12）	溴百里酚蓝指示剂（ρ=0.5 g/L）	称取 0.05 g 溴百里酚蓝溶于 50 mL 水中，加入 10 mL 无水乙醇，用水稀释至 100 mL
	（13）	淀粉-碘化钾试纸	称取 1.5 g 可溶性淀粉于烧杯中，用少量水调成糊状，加入 200 mL 沸水，搅拌混匀放冷。加入 0.50 g 碘化钾（KI）和 0.50 g 碳酸钠（Na_2CO_3），用水稀释至 250 mL。将滤纸条浸渍后，取出晾干，于棕色瓶中密封保存
	（14）	氨氮标准贮备溶液（ρ_N=1 000 μg/mL）	称取 3.819 0 g 氯化铵（NH_4Cl，优级纯，在 100～105℃干燥 2 h），溶于水中，移入 1 000 mL 容量瓶中，稀释至标线，可在 2～5℃保存 1 个月
	（15）	氨氮标准工作溶液（ρ_N=10 μg/mL）	吸取 5.00 mL（14）氨氮标准贮备溶液于 500 mL 容量瓶中，稀释至刻度，临用前配制
水样的预处理	去除余氯		若样品中存在余氯，可加入适量的（6）硫代硫酸钠溶液去除。每加 0.5 mL 可去除 0.25 mg 余氯。 用淀粉-碘化钾试纸检验余氯是否除尽
	絮凝沉淀		100 mL 样品中加入 1 mL（7）硫酸锌溶液和 0.1～0.2 mL（8）氢氧化钠溶液（ρ=250 g/L），调节 pH 约为 10.5，混匀，放置使之沉淀，倾取上清液分析。必要时，用经水冲洗过的中速滤纸过滤，弃去初滤液 20 mL。也可对絮凝后样品离心处理
	预蒸馏		将 50 mL 硼酸溶液移入接收瓶内，确保冷凝管出口在硼酸溶液液面之下。分取 250 mL 样品，移入烧瓶中，加几滴溴百里酚蓝指示剂，必要时，用（9）氢氧化钠溶液［c（NaOH）=1 mol/L］或（10）盐酸溶液调整 pH 为 6.0（指示剂呈黄色）～7.4（指示剂呈蓝色），加入 0.25 g 轻质氧化镁及数粒玻璃珠，立即连接氮球和冷凝管。加热蒸馏，使馏出液速率约为 10 mL/min，待馏出液达 200 mL 时，停止蒸馏，加水定容至 250 mL

7.2.3 分析检测

在 8 个 50 mL 比色管中，分别加入 0.00 mL、0.50 mL、1.00 mL、2.00 mL、4.00 mL、6.00 mL、8.00 mL 和 10.00 mL 氨氮标准工作溶液，用无氨水稀释至标线。

空白实验水代替水样取 50 mL。

经预处理的水样 50 mL（若水样中氨氮质量浓度超过 2 mg/L，可适当少取水样体积），如经蒸馏或在酸性条件下煮沸方法预处理的水样，须加一定量氢氧化钠溶液（1 mol/L），调节水样至中性，用水稀释至 50 mL。

↓

加入 1.0 mL（5）酒石酸钾钠溶液摇匀。

↓

加入（4）纳氏试剂①1.5 mL 或②1.0 mL 摇匀。

↓

放置 10 min 后，在波长 420 nm 下，用 20 mm 比色皿，以水作参比，测量吸光度。

↓

计算绘制标准曲线，计算水样氨氮的浓度：

$$\rho_N = \frac{A - A_0 - a}{b \times V}$$

式中：ρ_N——水样中氨氮的质量浓度（以 N 计），mg/L；

A——水样的吸光度；

A_0——空白试验的吸光度；

a——校准曲线的截距；

b——校准曲线的斜率；

V——水样体积，mL。

7.2.4 质量控制和保证

①试剂空白的吸光度应不超过 0.030（10 mm 比色皿）。

②酒石酸钾钠的配制。酒石酸钾钠试剂中铵盐含量较高时，仅加热煮沸或加纳氏试剂沉淀不能完全除去氨。此时采用加入少量氢氧化钠溶液，煮沸蒸发掉溶液体积的 20%～30%，冷却后用无氨水稀释至原体积。

③絮凝沉淀。滤纸中含有一定量的可溶性铵盐，定量滤纸中含量高于定性滤纸，建议采用定性滤纸过滤，过滤前用无氨水少量多次淋洗（一般为 100 mL）。这样可减少或避免滤纸引入的测量误差。

④水样的预蒸馏。在蒸馏过程中，某些有机物很可能与氨同时馏出，对测定有干扰，其中有些物质（如甲醛）可以在酸性条件（pH＜1）下煮沸除去。在蒸馏刚开始时，氨气蒸出速度较快，加热不能过快，否则造成水样暴沸，馏出液温度升高，氨吸收不完全。馏出液速率应保持在 10 mL/min 左右。在蒸馏过程中，某些有机物很可能与氨同时馏出，对测定仍有干扰，其中有些物质（如甲醛）可以在酸性条件（pH＜1）下煮沸除去。部分工业废水，可加入石蜡碎片等做防沫剂。

⑤蒸馏器清洗。向蒸馏烧瓶中加入 350 mL 水，加数粒玻璃珠，装好仪器，蒸馏到至

少收集了 100 mL 水时，将馏出液及瓶内残留液弃去。

7.3 数据记录与处理

①吸收池配套性检查。

比色皿的校正值：A_1__0.000__；A_2______；A_3______；A_4______。

所选比色皿为：__________。

②标准曲线的绘制，原始数据记录在表 7-3 中。

测量波长：__________；标准溶液原始浓度：__________。

③水质样品的测定，原始数据记录在表 7-4 中。

表 7-3 标准系列原始数据记录表

溶液号	吸取标准溶液体积/mL	浓度或质量/（ ）	A	$A_{校正}$
0				
1				
2				
3				
4				
5				
6				
7				
回归方程：				
相关系数：				

表 7-4 水质样品原始数据记录表

平行测定次数	1	2	3
吸光度（A）			
空白值（A_0）			
校正吸光度（$A_{校正}$）			
回归方程计算所得浓度或质量/（ ）			
原始试液浓度/（μg/mL）			
样品磷的测定结果/（mg/L）			
R_d/%			

分析人：　　　　　　　　校对人：　　　　　　　　审核人：

标准曲线绘制图：

7.4 出具报告

封面：

检 测 报 告 书

样品名称________________________

被检单位________________________

检测单位________________________

报告日期　　　年　　月　　日

首页及正文：

__________分析测试中心

字（20　　年）第　　号

共　　页，第　　页

样品名称____________________________ 检测类别____委托____

被检单位____________________________ 样品编号__________

样品类别__________ 包装情况__________ 收样日期__________

采样日期__________ 采样地点______________________________

样品性状____________________ 样品数量__________ 检测日期__________

检测项目____

____

检测结果及评价依据：

测定值：________________________ 评价依据：________________________

结论及评价：

结论：__________________________ 评价：__________________________

检测环境条件：__________ 温度：______ 相对湿度：__________ 气压：__________

主要检测仪器设备：

名称：______________ 编号：______________ 型号：______________

名称：______________ 编号：______________ 型号：______________

名称：______________ 编号：______________ 型号：______________

报告编制：　　　　　　复核：　　　　　　签发：

盖　章

年　　月　　日

7.5 实训评价

7.5.1 操作规范评分表

操作规范评分表见表 7-5。

表 7-5 操作规范评分表

序号	考核点	配分	评分标准	扣分	得分
一	仪器准备	4			
1	玻璃仪器洗涤	2	①未用蒸馏水清洗 2 遍以上，扣 1 分； ②玻璃仪器出现挂水珠现象，扣 1 分		
2	分光光度计预热 20 min	2	①仪器未进行预热或预热时间不够，扣 1 分； ②未切断光路预热，扣 1 分		
二	标准溶液的配制	16			
1	标准系列的配制	4	①贮备液未稀释，扣 1 分； ②直接在贮备液或工作液中进行相关操作，扣 1 分； ③标准工作液未贴标签或标签内容不全（包括名称、浓度、日期、配制者），扣 1 分； ④每个点移取的标准溶液应从零分度开始，出现不正确项 1 次扣 0.5 分，但不超过该项总分 4 分（工作液可放回剩余溶液的烧杯中再取液，辅助试剂可在移液管吸干后在原试剂中进行相关操作）		
2	水样稀释液的配制	1	直接在水样原液中进行相关操作，扣 1 分（水样稀释液在移液管吸干后可在容量瓶中进行相关操作）		
3	溶液配制过程中有关的实验操作	11	①未进行容量瓶试漏检查，扣 0.5 分； ②容量瓶、比色管加蒸馏水时未沿器壁流下或产生大量气泡，扣 0.5 分； ③蒸馏水瓶管尖接触容器，扣 0.5 分； ④加水至容量瓶约 3/4 体积时没有平摇，扣 0.5 分； ⑤容量瓶、比色管加水至近标线等待 1 min，没有等待的，扣 0.5 分； ⑥容量瓶、比色管逐滴加入蒸馏水至标线操作不当或定容不准确，扣 0.5 分； ⑦持瓶方式不正确，扣 0.5 分； ⑧容量瓶、比色管未充分混匀或中间未开塞，扣 0.5 分； ⑨溶液使用前没有盖塞充分摇匀，扣 0.5 分； ⑩润洗方法不正确，扣 0.5 分； ⑪将移液管中过多的贮备液放回贮备液瓶中，扣 0.5 分； ⑫移液管管尖触底，扣 0.5 分； ⑬移液管出现吸空现象，扣 1 分； ⑭移液管移取标准贮备液、标准工作液、水样原液及水样稀释液前未处理管尖溶液，扣 0.5 分； ⑮移取标准贮备液、标准工作液及水样原液时未另用一烧杯调节液面，扣 0.5 分； ⑯移液管移取标准贮备液、标准工作液、水样原液及水样稀释液时，调节液面前未处理管尖部，扣 0.5 分； ⑰移液管未能一次调节到刻度，扣 1 分； ⑱移液管放液不规范，扣 1 分； ⑲取完试剂后未及时盖上试剂瓶盖，扣 0.5 分； ⑳重新配标准工作溶液，一次性扣 5 分； ㉑重新配标准系列或水样稀释液，每出现一次扣 2 分，最多扣 10 分		

序号	考核点	配分	评分标准	扣分	得分
三	分光光度计使用	15			
1	测定前的准备	2	①没有进行比色皿配套性选择或选择不当，扣1分； ②不能正确在T挡调“100%”和“0”，扣1分		
2	测定操作	7	①手触及比色皿透光面，扣0.5分； ②比色皿润洗方法不正确（须含蒸馏水洗涤、待装液润洗），扣0.5分； ③比色皿润洗操作不正确，扣0.5分； ④加入溶液高度不正确，扣1分； ⑤比色皿外壁溶液处理不正确，扣1分； ⑥比色皿盒拉杆操作不当，扣0.5分； ⑦重新取液测定，每出现一次扣1分，但不超过4分； ⑧不正确使用参比溶液，扣1分		
3	测定过程中仪器被溶液污染	2	①比色皿放在仪器表面，扣1分； ②比色室被洒落溶液污染，扣0.5分； ③比色室未及时清理干净，扣0.5分		
4	测定后的处理	4	①台面不清洁，扣0.5分； ②未取出比色皿及未洗涤，扣1分； ③没有倒尽或控干比色皿，扣0.5分； ④测定结束，未做使用记录登记，扣1分； ⑤未关闭仪器电源，扣1分		
四	实验数据处理	12			
1	标准曲线取点		标准曲线取点不得少于7个（包含试剂空白点），否则标准曲线无效扣12分		
2	正确绘制标准曲线	5	①标准曲线坐标选取错误或比例不合理（含曲线斜率不当），扣1分； ②测量数据及回归方程计算结果未标在曲线中，扣1分； ③缺少曲线名称、坐标、箭头、符号、单位量、回归方程及数据有效位数不对，每项扣0.5分，但不超过3分		
3	试液吸光度处于要求范围内	2	水样取用量不合理致使吸光度超出要求范围或在0号与1号管测点范围内，扣2分		
4	原始记录	3	数据未直接填在报告单上、数据不全、有效数字位数不对、有空项，原始记录中，缺少计量单位，数据更改每项扣0.5分，可累计扣分，但不超过该项总分3分		
5	有效数字运算	2	①回归方程未保留小数点后4位数字，扣0.5分； ②γ未保留小数点后4位数字，扣0.5分； ③测量结果未保留到小数点后2位数字，扣1分		
五	文明操作	18			
1	实验室整洁	4	实验过程中台面、地面脏乱，废液处置不当，一次性扣4分		
2	清洗仪器、试剂等物品归位	4	实验结束后未先清洗仪器或试剂物品未归位就完成报告，一次性扣4分		
3	仪器损坏	6	仪器损坏，一次性扣6分		
4	试剂用量	4	每组均备有2倍用量的试剂，若还需添加，则一次性扣4分		

序号	考核点	配分	评分标准	扣分	得分
六	测定结果	35			
1	回归方程的计算	5	没有算出或计算错误回归方程的，扣5分		
2	空白吸光度	1	空白吸光度大于0.030，扣1分		
	回归方程	3	截距超出±0.008，扣1分		
			斜率超出0.007 2～0.008 0，扣2分		
	标准曲线线性	6	①$\gamma \geqslant 0.9999$，不扣分； ②$0.9990 \leqslant \gamma \leqslant 0.9998$，扣1～5分*； ③$\gamma < 0.9990$，扣6分； ④$\gamma$计算错误或未计算先扣3分，再按相关标准扣分，但不超过6分		
3	测定结果精密度	10	①$\lvert R_d \rvert \leqslant 0.5\%$，不扣分； ②$0.5\% < \lvert R_d \rvert \leqslant 1.4\%$，扣1～9分； ③$\lvert R_d \rvert > 1.4\%$，扣10分； ④精密度计算错误或未计算先扣5分，再按相关标准扣分，但不超过10分； ⑤水样原液未做平行样3份，一次性扣10分		
4	测定结果准确度	10	①测定值在保证值±0.5%内，不扣分； ②测定值在保证值±（0.6%～1.8%），扣1～9分； ③测定值不在保证值±1.8%或测定结果少于3个，扣10分		
	最终合计	100			

注：*γ为0.999 8扣1分，γ为0.999 7扣1.5分，依次类推，γ为0.999 0扣5分。

7.5.2 实训总体评价

实训总体评价见表 7-6。

表 7-6 实训总体评价

序号	项目内容	权重/%	自评分（50%）	小组评分（50%）	综合分
职业素养	纪律	5			
	团队精神	5			
	职业综合能力	10			
职业技能	实训准备	5			
	操作规范	50			
	数据处理	20			
	报告编制	5			
综合得分					
请根据以上打分情况，对本实训当中的工作和学习状态进行总体评述，分析自己的不足之处，描述今后的改进措施。					
教师评价：					

项目 8　亚硝酸盐氮的测定——分光光度法

实训目标

- **能力（技能）目标**

①掌握分光光度计的使用方法。

②掌握分光光度法测定亚硝酸盐氮的步骤。

③掌握标准曲线定量方法。

- **认知（知识）目标**

①掌握亚硝酸盐氮基础知识。

②掌握分光光度法测定亚硝酸盐氮的实验原理。

③能够计算标准曲线方程及γ。

- **其他（素质）目标**

①培养良好的职业道德、工作态度和责任感。

②培养良好的计划组织能力。

③培养良好的团队协作精神。

④遵守实验室安全操作规定。

⑤遵守环境保护规定。

能力训练任务

①阅读样品检测委托协议。

②样品的采集和保存。

③样品的前处理。

④标准系列的测试与绘制。

⑤样品的测定。

⑥数据的计算与处理。

⑦报告编制。

项目 8
讲解与示范

8.1 接受任务

填写委托检测协议（表 8-1）。

表 8-1 委托检测协议

<table>
<tr><td rowspan="4">委托单位信息</td><td colspan="5">名称：</td></tr>
<tr><td colspan="5">地址：</td></tr>
<tr><td colspan="3">联系人：</td><td colspan="2">联系电话：</td></tr>
<tr><td colspan="3">传真：</td><td colspan="2">电子邮箱：</td></tr>
<tr><td rowspan="4">受理单位信息</td><td colspan="5">名称：</td></tr>
<tr><td colspan="5">地址：</td></tr>
<tr><td colspan="3">联系人：</td><td colspan="2">联系电话：</td></tr>
<tr><td colspan="3">传真：</td><td colspan="2">电子邮箱：</td></tr>
<tr><td rowspan="2">委托内容</td><td colspan="5">检测项目：
检测参数/方法：</td></tr>
<tr><td>检测依据</td><td colspan="4">□由委托单位指定检测方法
□由受理单位选定合适的检测方法</td></tr>
<tr><td>来样形式</td><td colspan="5">□受理单位采样　　□委托单位自采</td></tr>
<tr><td>委托样品</td><td colspan="5">□水样　　□泥样　　□固体样品　　□气体样品</td></tr>
<tr><td>样品数量</td><td></td><td>采样容器</td><td></td><td>样品量</td><td></td></tr>
<tr><td>样品状态</td><td colspan="5">□浊　　□较浊　　□较清洁　　□清洁
□黑色　　□灰色　　□其他颜色</td></tr>
<tr><td>样品存放条件</td><td colspan="2">□室温　　□避光　　□冷藏（4℃）</td><td>样品处置</td><td colspan="2">□退回　　□自由处置</td></tr>
<tr><td>是否比对</td><td colspan="5">□否
□是（比对项目：____________ 指定比对方：____________）</td></tr>
<tr><td>检测期限</td><td colspan="5">□标准（7 个工作日内）　□委托单位指定：__________　□其他：__________</td></tr>
<tr><td rowspan="2">报告发送</td><td colspan="5">□自取　　□快递到付　　□快递已付　　□传真/邮件</td></tr>
<tr><td colspan="5">报告邮寄地址：</td></tr>
<tr><td>付款方式</td><td colspan="5">□无预付款　□有预付款（预付：________）　□定期结算　□其他：________</td></tr>
<tr><td>备 注</td><td colspan="5"></td></tr>
<tr><td colspan="3">委托方签字：　　　　日期：</td><td colspan="3">受理方签字：　　　　日期：</td></tr>
</table>

8.2 实施检测

8.2.1 预备知识

亚硝酸盐氮（NO_2^--N）是氮循环的中间产物，不稳定。在不同的水环境条件下，可被氧化成硝酸盐，也可被还原成氨。

亚硝酸盐氮可与仲胺类物质反应生成具有致癌性的亚硝胺类物质，pH 较低的酸性条件有利于亚硝胺类物质的形成。

在磷酸介质中，pH 为 1.8 时，试样中的亚硝酸根离子与 4-氨基苯磺酰胺（4-aminobenzene sulfonamide）反应生成重氮盐，它再与 *N*-（1-萘基）-乙二胺二盐酸盐［*N*-（1-naphthyl-1,2-diaminoethane dihydrochlo-ride）］耦联生成红色染料，在 540 nm 波长处测定吸光度。如果使用光程长为 10 mm 的比色皿，亚硝酸盐氮的浓度在 0.2 mg/L 以内其呈色符合比尔定律。

8.2.2 实训准备

实训准备见表 8-2。

表 8-2 实训准备

准备事宜	序号	名称	方法
样品的采集和保存	实验室样品应用玻璃瓶或聚乙烯瓶采集，并在采集后尽快分析，不要超过 24 h。若需短期保存 1～2 d，可以在每升实验室样品中加入 40 mg 氯化汞，并于 2～5℃下保存		
实训试剂	（1）	无亚硝酸盐的二次蒸馏水	方法一：加入少许高锰酸钾结晶于 1 L 蒸馏水中，使其呈红色，加氢氧化钡（或氢氧化钙）结晶至溶液呈碱性，使用硬质玻璃蒸馏器进行蒸馏，弃去最初的 50 mL 馏出液，收集约 700 mL 不含锰盐的馏出液，待用
			方法二：于 1 L 蒸馏水中加入（3）硫酸 1 mL、硫酸锰溶液［每 100 mL 水中含有 36.4 g 硫酸锰（$MnSO_4 \cdot H_2O$）］0.2 mL，滴加 0.04%（*V/V*）高锰酸钾溶液呈红色（1～3 mL），使用硬质玻璃蒸馏器进行蒸馏，弃去最初的 50 mL 馏出液，收集约 700 mL 不含锰盐的馏出液，待用
	（2）	磷酸	15 mol/L，ρ=1.70 g/mL
	（3）	硫酸	18 mol/L，ρ=1.84 g/mL
	（4）	磷酸（*c*=1.5 mol/L）	1+9 溶液； 溶液至少可稳定 6 个月
	（5）	显色剂	500 mL 烧杯内置入 250 mL 水和 50 mL（2）磷酸，加入 20.0 g 4-氨基苯磺酰胺（$NH_2C_6H_4SO_2NH_2$）。再将 1.00 g *N*-（1-萘基）-乙二胺二盐酸盐（$C_{10}H_7NHC_2H_4NH_2 \cdot 2HCl$）溶于上述溶液中，转移至 500 mL 容量瓶中，用水稀释至标线，摇匀。此溶液贮存于棕色试剂瓶中，保存在 2～5℃，至少可稳定 1 个月。 注：本试剂有毒性，避免与皮肤接触或吸入体内

准备事宜	序号	名　称	方　法
	（6）	亚硝酸盐氮标准贮备溶液 （c_N=250 mg/L）	①贮备溶液的配制： 称取 1.232 g 亚硝酸钠（$NaNO_2$），溶于 150 mL 水中，定量转移至 1 000 mL 容量瓶中，用水稀释至标线，摇匀。本溶液贮存于棕色试剂瓶中，加入 1 mL 氯仿，保存在 2～5℃，至少稳定 1 个月。 ②贮备溶液的标定： 在 300 mL 具塞锥形瓶中，移入（10）高锰酸钾标准溶液 50.00 mL、（3）硫酸 5 mL，用 50 mL 无分度吸管，使下端插入高锰酸钾溶液液面下，加入亚硝酸盐氮标准贮备溶液 50.00 mL，轻轻摇匀，置于水浴上加热至 70～80℃，按每次 10.00 mL 的量加入足够的（11）草酸钠标准溶液，使高锰酸钾标准溶液褪色并使其过量，记录草酸钠标准溶液用量（V_2），然后用（10）高锰酸钾标准溶液滴定过量草酸钠至溶液呈微红色，记录高锰酸钾标准溶液总用量（V_1）。再以 50 mL 实验用水代替亚硝酸盐氮标准贮备溶液，如上操作，用草酸钠标准溶液标定高锰酸钾溶液的浓度（c_1）
实训试剂			按下式计算高锰酸钾标准溶液浓度（c_1，1/5 $KMnO_4$ mol/L）： $c_1 = 0.050\,0 \times V_4 / V_3$ 式中：V_3——滴定实验用水时加入高锰酸钾标准溶液总量，mL； V_4——滴定实验用水时加入草酸钠标准溶液总量，mL； 0.050 0——草酸钠标准溶液浓度（1/2 NaC_2O_4），mol/L。 按下式计算亚硝酸盐氮标准贮备溶液的浓度 c_N（mg/L）： $c_N = (V_1 \times c_1 - 0.050\,0V_2) \times 7.00 \times 1\,000 / 50.00 = 140V_1 \times c_1 - 7.00V_2$ 式中：V_1——滴定亚硝酸盐氮标准贮备溶液时加入高锰酸钾标准溶液总量，mL； V_2——滴定亚硝酸盐氮标准贮备溶液时加入草酸钠标准溶液总量，mL； 7.00——亚硝酸盐氮（1/2N）的摩尔质量； 50.00——亚硝酸盐氮标准贮备溶液取样量，mL
	（7）	亚硝酸盐氮中间标准液 （c_N=50.0 mg/L）	取（6）亚硝酸盐氮标准贮备溶液 50.00 mL 置于 250 mL 容量瓶中，用水稀释至标线，摇匀。 此溶液贮于棕色瓶内，保存在 2～5℃，可稳定 1 周
	（8）	亚硝酸盐氮标准工作液 （c_N=1.00 mg/L）	取（7）亚硝酸盐氮中间标准液 10.00 mL 于 500 mL 容量瓶中，水稀释至标线，摇匀。 此溶液使用时，当天配制。 注：亚硝酸盐氮中间标准液和标准工作液的浓度值，应采用贮备溶液标定后的准确浓度的计算值
	（9）	氢氧化铝悬浮液	溶解 125 g 硫酸铝钾［$KAl(SO_4)_2 \cdot 12H_2O$］或硫酸铝铵［$NH_4Al(SO_4)_2 \cdot 12H_2O$］于 1 L 一次蒸馏水中，加热至 60℃，在不断搅拌下，徐徐加入 55 mL 浓氢氧化铵，放置约 1 h 后，移入 1 L 量筒内，用一次蒸馏水反复洗涤沉淀，最后用实验用水洗涤沉淀，直至洗涤液中不含亚硝酸盐为止。澄清后，把上清液尽量全部倾出，只留稠的悬浮物，最后加入 100 mL 水。使用前应振荡均匀
	（10）	高锰酸钾标准溶液 ［c（1/5$KMnO_4$）=0.050 mol/L］	溶解 1.6 g 高锰酸钾（$KMnO_4$）于 1.2 L 一次蒸馏水中，煮沸 0.5～1 h，使体积减少到 1 L 左右，放置过夜，用 G-3 号玻璃砂芯滤器过滤后，滤液贮存于棕色试剂瓶中避光保存。高锰酸钾标准溶液浓度按（6）所述方法进行标定和计算

准备事宜	序号	名 称	方 法
实训试剂	（11）	草酸钠标准溶液［c（1/2$Na_2C_2O_4$）=0.050 0 mol/L］	溶解经 105℃烘干 2 h 的优级纯无水草酸钠（$Na_2C_2O_4$）（3.350 0±0.000 4）g 于 750 mL 水中，定量转移至 1 000 mL 容量瓶中，用水稀释至标线，摇匀
	（12）	酚酞指示剂（c=10 g/L）	0.5 g 酚酞溶于 50 mL 95%（V/V）乙醇中
水样的预处理	当试样 pH≥11 时，可能遇到某些干扰，遇此情况，可向试样中加入（12）酚酞指示剂 1 滴，边搅拌边逐滴加入（4）磷酸溶液，至红色刚消失。经此处理，则在加入显色剂后，体系 pH 为 1.8±0.3，而不影响测定。 试样如有颜色和悬浮物，可向每 100 mL 试样中加入 2 mL（9）氢氧化铝悬浮液，搅拌，静置，过滤，弃去 25 mL 初滤液后，再取试样测定		

8.2.3 分析检测

在 6 个 50 mL 比色管中，分别加入（8）亚硝酸盐氮标准工作液 0.00 mL、1.00 mL、3.00 mL、5.00 mL、7.00 mL 和 10.00 mL，用水稀释至标线。

空白实验水代替水样取 50 mL。

经预处理的水样 50 mL。

↓

加入（5）显色剂 1.0 mL，密塞，摇匀，静置，此时 pH 值应为 1.8±0.3。

↓

加入显色剂 20 min 后，2 h 以内，在 540 nm 的最大吸光度波长处，用光程 10 mm 的比色皿，以实验用水做参比，测量溶液吸光度。

↓

计算绘制标准曲线，计算水样亚硝酸盐氮的浓度

试样溶液吸光度的校正值（A_r）按下式计算：

$$A_r = A_s - A_b - A_c$$

式中：A_s——试样溶液测得的吸光度；

A_b——空白实验测得的吸光度；

A_c——色度校正测得的吸光度。

由校正吸光度（A_r），可从校准曲线上查得（或由校准曲线方程计算）相应的亚硝酸盐氮的含量 m_N（μg）。

试样的亚硝酸盐氮浓度按下式计算：

$$c_N = m_N / V$$

式中：c_N——亚硝酸盐氮浓度，mg/L；

m_N——相应于校正吸光度的亚硝酸盐氮含量，μg；

V——试样体积，mL。

试样体积为 50 mL 时，结果以 3 位小数表示。

8.2.4 质量控制和保证

①试剂空白的吸光度应不超过 0.030（10 mm 比色皿）。

②所有玻璃器皿都应用浓度为 2 mol/L 的盐酸仔细洗净，然后用水彻底冲洗。

③最初使用本方法时，应校正最大吸光度的波长，以后的测定均应用此波长。

④试样最大体积为 50.0 mL，可测定亚硝酸盐氮浓度高至 0.20 mg/L。浓度更高时，可应用较少量的样品或将样品进行稀释后，再取样。

⑤亚硝酸钠标准贮备液的稳定性。

标准溶液应避免微生物和二氧化碳的作用。每升溶液中加入 1 mL 三氯甲烷，则能防止细菌生长，且不干扰生色反应。每升溶液中加入 0.1 g 或更少的氢氧化钠，使溶液 pH 为 8～11.5 则可防止因空气中二氧化碳的作用使其生成硝酸而损失。在 4～18℃条件下，浓度为 100 μg/mL 亚硝酸盐氮的标准贮备液，存放在棕色玻璃瓶中，可稳定 45 d；在 14～18℃条件下，浓度为 1.0 μg/mL 的标准使用液，存放在棕色瓶中，可基本稳定 37 d；浓度为 0.5 μg/mL 时，可基本稳定 29 d。

⑥干扰及消除。

氯胺、氯、硫化硫酸盐、聚磷酸钠和高铁离子有明显干扰。水样呈碱性（pH＞11）时，可加酚酞溶液为指示剂，滴加磷酸溶液至红色消失。水样有颜色或悬浮物，可加氢氧化铝悬浮液过滤。

⑦注意事项。

如水样经预处理后，还有颜色时，则分取两份本积相同的经预处理的水样，一份加 1.0 mL 显色剂，另一份加 1.0 mL（4）磷酸溶液。由加显色剂的水样测得的吸光度，减去空白实验测得的吸光度，再减去改加磷酸溶液的水样所测得的吸光度后，获得色度校正吸光度（A_c），以进行色度校正。

8.3 数据记录与处理

①吸收池配套性检查。

比色皿的校正值：A_1 0.000 ；A_2______；A_3______；A_4______。

所选比色皿为：________。

②标准曲线的绘制，原始数据记录在表 8-3 中。

测量波长：________；标准溶液原始浓度：________。

③水质样品的测定，原始数据记录在表 8-4 中。

表 8-3 标准系列数据记录表

溶液号	吸取标准溶液体积/mL	浓度或质量/（ ）	A	$A_{校正}$
0				
1				
2				
3				
4				
5				
回归方程：				
相关系数：				

表 8-4 水质样品数据记录表

平行测定次数	1	2	3
吸光度（A_s）			
空白值（A_b）			
色度校正吸光度（A_c）			
校正吸光度（A_r）			
回归方程计算所得浓度或质量/（ ）			
原始试液浓度/（μg/mL）			
样品的测定结果/（mg/L）			
R_d/%			

分析人： 校对人： 审核人：

标准曲线绘制图：

8.4 出具报告

封面：

检 测 报 告 书

样品名称____________________________

被检单位____________________________

检测单位____________________________

报告日期　　　年　　月　　日

首页及正文：

__________分析测试中心

字（20　年）第　号

共　页，第　页

样品名称__________________________________　　检测类别___委托___

被检单位__________________________________　　样品编号__________

样品类别___________　包装情况______________　　收样日期__________

采样日期___________　采样地点__________________________________

样品性状__________________________　样品数量_________　检测日期__________

检测项目____

____

检测结果及评价依据：

测定值：__________________________　评价依据：__________________________

结论及评价：

结论：____________________________　评价：______________________________

检测环境条件：________　温度：______　相对湿度：_________　气压：_________

主要检测仪器设备：

名称：___________________　编号：_______________　型号：________________

名称：___________________　编号：_______________　型号：________________

名称：___________________　编号：_______________　型号：________________

报告编制：　　　　　　　　复核：　　　　　　　　签发：

盖　章

年　月　日

8.5 实训评价

8.5.1 操作规范评分表

操作规范评分表见表 8-5。

表 8-5 操作规范评分表

序号	考核点	配分	评分标准	扣分	得分
一	仪器准备	4			
1	玻璃仪器洗涤	2	①未用蒸馏水清洗 2 遍以上，扣 1 分； ②玻璃仪器出现挂水珠现象，扣 1 分		
2	分光光度计预热 20 min	2	①仪器未进行预热或预热时间不够，扣 1 分； ②未切断光路预热，扣 1 分		
二	标准溶液的配制	16			
1	溶液配制过程中有关的实验操作	10	①未进行容量瓶试漏检查，扣 0.5 分； ②容量瓶、比色管加蒸馏水时未沿器壁流下或产生大量气泡，扣 0.5 分； ③蒸馏水瓶管尖接触容器，扣 0.5 分； ④加水至容量瓶约 3/4 体积时没有平摇，扣 0.5 分； ⑤容量瓶、比色管加水至近标线等待 1 min，没有等待的，扣 0.5 分； ⑥容量瓶、比色管逐滴加入蒸馏水至标线操作不当或定容不准确，扣 0.5 分； ⑦持瓶方式不正确，扣 0.5 分； ⑧容量瓶、比色管未充分混匀或中间未开塞，扣 0.5 分； ⑨溶液使用前没有盖塞充分摇匀，扣 0.5 分； ⑩润洗方法不正确，扣 0.5 分； ⑪将移液管中过多的贮备液放回贮备液瓶中，扣 0.5 分； ⑫移液管管尖触底，扣 0.5 分； ⑬移液管出现吸空现象，扣 1 分； ⑭移液管移取标准贮备液、标准工作液、水样原液及水样稀释液前未处理管尖溶液，扣 0.5 分； ⑮移取标准贮备液、标准工作液及水样原液时未另用一烧杯调节液面，扣 0.5 分； ⑯移液管移取标准贮备液、标准工作液、水样原液及水样稀释液时，调节液面前未处理管尖部，扣 0.5 分； ⑰移液管未能一次调节到刻度，扣 0.5 分； ⑱移液管放液不规范，扣 0.5 分； ⑲取完试剂后未及时盖上试剂瓶盖，扣 0.5 分		
2	标准系列的配制	3	①直接在贮备液中进行相关操作，扣 1 分； ②标准工作液未贴标签或标签内容不全（包括名称、浓度、日期、配制者），扣 1 分； ③每个点移取的标准溶液应从零分度开始，出现不正确项 1 次扣 0.5 分，但不超过该项总分 3 分（工作液可放回剩余溶液的烧杯中再取液）		

序号	考核点	配分	评分标准	扣分	得分
3	水样稀释液的配制	3	直接在水样原液中进行相关操作，扣 3 分（水样稀释液在移液管吸干后可在容量瓶中进行相关操作）		
三	分光光度计使用	15			
1	测定前的准备	2	①没有进行比色皿配套性选择或选择不当，扣 1 分； ②不能正确在 T 挡调“100%”和“0”，扣 1 分		
2	测定操作	7	①手触及比色皿透光面，扣 0.5 分； ②比色皿润洗方法不正确（须含蒸馏水洗涤、待装液润洗），扣 0.5 分； ③比色皿润洗操作不正确，扣 0.5 分； ④加入溶液高度不正确，扣 1 分； ⑤比色皿外壁溶液处理不正确，扣 1 分； ⑥比色皿盒拉杆操作不当，扣 0.5 分； ⑦重新取液测定，每出现一次扣 1 分，但不超过 4 分； ⑧不正确使用参比溶液，扣 1 分		
3	测定过程中仪器被溶液污染	2	①比色皿放在仪器表面，扣 1 分； ②比色室被洒落溶液污染，扣 0.5 分； ③比色室未及时清理干净，扣 0.5 分		
4	测定后的处理	4	①台面不清洁，扣 0.5 分； ②未取出比色皿及未洗涤，扣 1 分； ③没有倒尽控干比色皿，扣 0.5 分； ④测定结束，未做使用记录登记，扣 1 分； ⑤未关闭仪器电源，扣 1 分		
四	实验数据处理	12			
1	标准曲线取点		标准曲线取点不得少于 6 个（包含试剂空白点），否则标准曲线无效，扣 12 分		
2	正确绘制标准曲线	5	①标准曲线坐标选取错误或比例不合理（含曲线斜率不当），扣 1 分； ②测量数据及回归方程计算结果未标在曲线中，扣 1 分； ③缺少曲线名称、坐标、箭头、符号、单位量、回归方程及数据有效位数不对，每项扣 0.5 分，但不超过 3 分		
3	试液吸光度处于要求范围内	2	水样取用量不合理致使吸光度超出要求范围或在 0 号与 1 号管测点范围内，扣 2 分		
4	原始记录	3	数据未直接填写在报告单上、数据不全、有效数字位数不对、有空项，原始记录中缺少计量单位、数据更改，每项扣 0.5 分，可累计扣分，但不超过该项总分 3 分		
5	有效数字运算	2	①回归方程未保留小数点后 4 位数字，扣 0.5 分； ② γ 未保留小数点后 4 位数字，扣 0.5 分； ③测量结果未保留到小数点后 2 位数字，扣 1 分		
五	文明操作	18			
1	实验室整洁	4	实验过程中台面、地面脏乱，废液处置不当，一次性扣 4 分		

序号	考核点	配分	评分标准	扣分	得分
2	清洗仪器、试剂等物品归位	4	实验结束后未先清洗仪器或试剂物品未归位就完成报告，一次性扣 4 分		
3	仪器损坏	6	仪器损坏，一次性扣 6 分		
4	试剂用量	4	每名实验员均备有 2 倍用量的试剂，若还需添加，则一次性扣 4 分		
六	测定结果	35			
1	回归方程的计算	5	没有算出或计算错误回归方程的，扣 5 分		
2	标准曲线线性	10	①$\gamma \geqslant 0.9999$，不扣分； ②$0.9990 \leqslant \gamma \leqslant 0.9998$，扣 1～9 分*； ③$\gamma < 0.9990$，扣 10 分； ④$\gamma$ 计算错误或未计算先扣 3 分，再按相关标准扣分，但不超过 6 分		
3	测定结果精密度	10	①$\lvert R_d \rvert \leqslant 0.5\%$，不扣分； ②$0.5\% < \lvert R_d \rvert \leqslant 1.4\%$，扣 1～9 分； ③$\lvert R_d \rvert > 1.4\%$，扣 10 分； ④精密度计算错误或未计算扣 10 分； ⑤水样原液未做平行样 3 份，一次性扣 10 分		
4	测定结果准确度	10	①测定值在保证值±0.5%内，不扣分； ②测定值在保证值±（0.6%～1.8%），扣 1～9 分； ③测定值不在保证值±1.8%内，扣 10 分		
	最终合计	100			

注：*γ为 0.999 8 扣 1 分，γ为 0.999 7 扣 2 分，依次类推，γ为 0.999 0 扣 9 分，后续表格相同，不同标注。

8.5.2 实训总体评价

实训总体评价见表 8-6。

表 8-6 实训总体评价

序号	项目内容	权重/%	自评分（50%）	小组评分（50%）	综合分
职业素养	纪律	5			
	团队精神	5			
	职业综合能力	10			
职业技能	实训准备	5			
	操作规范	50			
	数据处理	20			
	报告编制	5			
综合得分					
请根据以上打分情况，对本实训当中的工作和学习状态进行总体评述，分析自己的不足之处，描述今后的改进措施。					
教师评价：					

项目 9　硝酸盐氮的测定——紫外分光光度法

实训目标

能力（技能）目标

①掌握紫外分光光度计的使用方法。

②掌握紫外分光光度法测定硝酸盐氮的步骤。

③掌握标准曲线定量方法。

认知（知识）目标

①掌握硝酸盐氮的基础知识。

②掌握紫外分光光度法测定硝酸盐氮的实验原理。

③能够计算标准曲线方程及γ。

其他（素质）目标

①培养良好的职业道德、工作态度和责任感。

②培养良好的计划组织能力。

③培养良好的团队协作精神。

④遵守实验室安全操作规定。

⑤遵守环境保护规定。

能力训练任务

①阅读样品检测委托协议。

②样品的采集和保存。

③吸附柱的制备。

④标准系列的测试与绘制。

⑤样品的测定。

⑥数据的计算与处理。

⑦报告编制。

9.1 接受任务

填写委托检测协议（表 9-1）。

表 9-1 委托检测协议

<table>
<tr><td rowspan="4">委托单位信息</td><td colspan="5">名称：</td></tr>
<tr><td colspan="5">地址：</td></tr>
<tr><td colspan="3">联系人：</td><td colspan="2">联系电话：</td></tr>
<tr><td colspan="3">传真：</td><td colspan="2">电子邮箱：</td></tr>
<tr><td rowspan="4">受理单位信息</td><td colspan="5">名称：</td></tr>
<tr><td colspan="5">地址：</td></tr>
<tr><td colspan="3">联系人：</td><td colspan="2">联系电话：</td></tr>
<tr><td colspan="3">传真：</td><td colspan="2">电子邮箱：</td></tr>
<tr><td rowspan="2">委托内容</td><td colspan="5">检测项目：
检测参数/方法：</td></tr>
<tr><td>检测依据</td><td colspan="4">□由委托单位指定检测方法
□由受理单位选定合适的检测方法</td></tr>
<tr><td>来样形式</td><td colspan="5">□受理单位采样　□委托单位自采</td></tr>
<tr><td>委托样品</td><td colspan="5">□水样　□泥样　□固体样品　□气体样品</td></tr>
<tr><td>样品数量</td><td></td><td>采样容器</td><td></td><td>样品量</td><td></td></tr>
<tr><td>样品状态</td><td colspan="5">□浊　□较浊　□较清洁　□清洁
□黑色　□灰色　□其他颜色</td></tr>
<tr><td>样品存放条件</td><td colspan="2">□室温　□避光　□冷藏（4℃）</td><td>样品处置</td><td colspan="2">□退回　□自由处置</td></tr>
<tr><td>是否比对</td><td colspan="5">□否
□是（比对项目：__________ 指定比对方：__________）</td></tr>
<tr><td>检测期限</td><td colspan="5">□标准（7 个工作日内）　□委托单位指定：__________　□其他：__________</td></tr>
<tr><td rowspan="2">报告发送</td><td colspan="5">□自取　□快递到付　□快递已付　□传真/邮件</td></tr>
<tr><td colspan="5">报告邮寄地址：</td></tr>
<tr><td>付款方式</td><td colspan="5">□无预付款　□有预付款（预付：__________）　□定期结算　□其他：__________</td></tr>
<tr><td>备 注</td><td colspan="5"></td></tr>
<tr><td colspan="3">委托方签字：　日期：</td><td colspan="3">受理方签字：　日期：</td></tr>
</table>

9.2 实施检测

9.2.1 预备知识

硝酸盐是在有氧环境下，各种形态的含氮化合物中最稳定的氮化合物，也是含氮有机物经无机作用最终阶段的分解产物。亚硝酸盐可经氧化而生成硝酸盐，硝酸盐在无氧环境中，也可受微生物的作用而还原为亚硝酸盐。

水体中硝酸盐氮和亚硝酸盐氮含量超标，不仅使水环境质量恶化，还对人类以及动物、植物有严重危害作用。饮用水的水源中 NO^{3-}和 NO^{2-}的含量过高，能引起变性血色素症，变性血色素会破坏红细胞的载氧能力，引起人体严重缺氧而导致死亡。同时，饮用 NO^{3-}和 NO^{2-}含量过高的水，可使肝癌、食管癌、胃癌的发病率增高，主要是因为 NO^{3-}、NO^{2-}在自然条件下有可能转化为亚硝胺，这是一种强致癌、致变和致畸物质，对人体有潜在的威胁。饮用 NO^{3-}和 NO^{2-}含量高的水对人体心血管系统也有害，还会干扰机体对维生素 A 的利用，导致维生素 A 缺乏症。当人体摄取过量硝酸盐后，在微生物作用下可被还原成亚硝酸盐，引起高铁血红蛋白症，易使消化器官致癌及婴儿青紫症等。

利用硝酸根离子在 220 nm 波长处的吸收而定量测定硝酸盐氮。溶解的有机物在 220 mm 处也会有吸收，而硝酸根离子在 275 nm 处没有吸收。因此，在 275 nm 处做另一次测量，以校正硝酸盐氮值。

9.2.2 实训准备

实训准备见表 9-2。

表 9-2 实训准备

准备事宜	序号	名 称	方 法
样品的采集和保存	水样采集在聚乙烯瓶或玻璃瓶内，要尽快分析。如需保存，应加硫酸使水样酸化至 pH<2，2～5℃下可保存 7 d		
实训试剂	（1）	氢氧化铝悬浮液	溶解 125 g 硫酸铝钾 $KAl(SO_4)_2 \cdot 12H_2O$ 或硫酸铝铵 $NH_4Al(SO_4)_2 \cdot 12H_2O$ 于 1 000 mL 水中，加热至 60℃，在不断搅拌中，徐徐加入 55 mL 浓氨水，放置约 1 h 后，移入 1 000 mL 量筒内，用水反复洗涤沉淀，最后至洗涤液中不含硝酸盐氮为止。澄清后，把上清液尽量全部倾出，只留稠的悬浮液，最后加入 100 mL 水，使用前应振荡均匀
	（2）	硫酸锌溶液	10% 10 g 硫酸锌溶于 90 mL 水中，搅拌，完全溶解
	（3）	氢氧化钠溶液	5 mol/L 准确称取氢氧化钠 100 g，用少量蒸馏水溶解，然后移入 500 mL 容量瓶中，并定容至 500 mL
	（4）	大孔径中性树脂	CAD-40 或 XAD-2 型及类似性能的树脂
	（5）	甲醇	分析纯
	（6）	盐酸	1 mol/L 量取 43 mL 浓盐酸（ρ=1.789 g/L），加入少量蒸馏水，然后移入 500 mL 容量瓶中，并定容至 500 mL

准备事宜	序号	名　称	方　法
实训试剂	（7）	硝酸盐标准贮备液	称取 0.722 g 经 105～110℃干燥 2 h 的优级纯硝酸钾（KNO_3）溶于水，移入 1 000 mL 容量瓶中，稀释至标线，加入 2 mL 三氯甲烷做保存剂，混匀，至少可稳定 6 个月。该标准贮备液每毫升含 0.100 mg 硝酸盐氮
	（8）	0.8%氨基磺酸溶液	避光保存于冰箱中
吸附柱的制备	新的（4）大孔径中性树脂先用 200 mL 水分 2 次洗涤，用（5）甲醇浸泡过夜，弃去甲醇，再用 40 mL（5）甲醇分 2 次洗涤，然后用新鲜去离子水洗至柱中流出液滴落于烧杯中无乳白色为止。树脂装入柱中时，树脂间绝不允许存在气泡		

9.2.3　分析检测

于 5 个 200 mL 容量瓶中分别加入 0.50 mL、1.00 mL、2.00 mL、3.00 mL、4.00 mL（7）硝酸盐氮标准贮备液，用新鲜去离子水稀释至标线，其浓度分别为 0.25 mg/L、0.50 mg/L、1.00 mg/L、1.50 mg/L、2.00 mg/L 硝酸盐氮。

量取 200 mL 水样置于锥形瓶或烧杯中。

加入 2 mL（2）硫酸锌溶液，在搅拌下滴加（3）氢氧化钠溶液，调至 pH 为 7。或将 200 mL 水样调至 pH 为 7 后，加 4 mL（1）氢氧化铝悬浮液。

待絮凝胶团下沉后，或经离心分离，吸取 100 mL 上清液分 2 次洗涤吸附树脂柱，以 1～2 滴/s 的流速流出，各个样品的流速保持一致。

再继续使水样上清液通过柱子，收集 50 mL 于比色管中，备用。
树脂用 150 mL 水分 3 次洗涤，备用。

加 1.0 mL（6）盐酸溶液，0.1 mL（8）氨基磺酸溶液于比色管中，当亚硝酸盐氮低于 0.1 mg/L 时可不加（8）氨基磺酸溶液。

用光程长 10 mm 的石英比色皿，在 220 nm 和 275 nm 波长处，以经过树脂吸附的新鲜去离子水 50 mL 加 1 mL（6）盐酸溶液为参比，测量吸光度。

计算绘制标准曲线，计算水样硝酸盐氮的浓度：

$$A_{校} = A_{220} - 2A_{275}$$

式中：A_{220}——220 nm 波长测得的吸光度；

A_{275}——275 nm 波长测得的吸光度。

求得吸光度的校正值（$A_{校}$）以后，从校准曲线中查得相应的硝酸盐氮量，即为水样测定结果（mg/L）。水样若经稀释后测定，则结果应乘以稀释倍数。

9.2.4 质量控制和保证

①树脂吸附容量较大，可处理 50～100 个地表水水样，具体数量视有机物含量而定。使用多次后，可用未接触过橡胶制品的新鲜去离子水作参比，在 220 nm 和 275 nm 波长处检验，测得的吸光度应接近零。超过仪器允许误差时，需以（5）甲醇再生。

②为了解水受污染程度和变化情况，需对水样进行紫外吸收光谱分布曲线的扫描，如无扫描装置时，可手动在 220～280 nm、每隔 2～5 nm 测量吸光度，绘制波长-吸光度曲线。水样与近似浓度的标准溶液分布曲线应类似，且在 220 nm 与 275 nm 附近不应有肩状或折线出现。

参考吸光度比值（A_{275}/A_{220}）×100%应小于 20%，越小越好。超过时应予以鉴别。

水样经上述方法适用情况检验后，符合要求时，可不经预处理，直接取 50 mL 水样于比色管中，加盐酸和氨基磺酸溶液后，进行吸光度测量。如经絮凝后水样已达到上述要求，也可只进行絮凝预处理，省略树脂吸附操作。

③含有有机物的水样而且硝酸盐含量较高时，必须先进行预处理，然后再稀释。

④大孔中性吸附树脂对环状、空间结构大的有机物吸附能力强；对低碳链、有较强极性合亲水性的有机物吸附能力差。

⑤当水样存在六价铬时，絮凝剂应采用氢氧化铝，絮凝胶团下沉后放置 0.5 h 以上，再取上清液供测定用。

9.3 数据记录与处理

①吸收池配套性检查。

比色皿的校正值：A_1 0.000 ；A_2_______；A_3_______；A_4_______。

所选比色皿为：_______。

②标准曲线的绘制，原始数据记录在表 9-3 中。

③水质样品的测定，原始数据记录在表 9-4 中。

表 9-3 标准系列数据记录表

溶液号	吸取标准溶液体积/mL	浓度或质量/（ ）	A_{220}	A_{275}	$A_{220}-2A_{275}$
0					
1					
2					
3					
4					
5					
6					
7					
回归方程：					
相关系数：					

表 9-4 水质样品数据记录表

平行测定次数	1	2	3
A_{220}			
A_{275}			
校正吸光度（$A_{校正}$）			
回归方程计算所得浓度或质量/（ ）			
原始试液浓度/（μg/mL）			
样品的测定结果/（mg/L）			
R_d/%			

分析人：　　　　校对人：　　　　审核人：

标准曲线绘制图：

9.4 出具报告

封面：

检测报告书

样品名称____________________

被检单位____________________

检测单位____________________

报告日期　　年　月　日

首页及正文：

________分析测试中心

字（20　年）第　号

共　页，第　页

样品名称____________________　检测类别__委托__

被检单位____________________　样品编号________

样品类别________　包装情况________　收样日期________

采样日期________　采样地点________________

样品性状________________　样品数量________　检测日期________

检测项目________________________________

____

检测结果及评价依据：

测定值：________________　评价依据：________________

结论及评价：

结论：________________　评价：________________

检测环境条件：________　温度：______　相对湿度：________　气压：________

主要检测仪器设备：

名称：____________　编号：____________　型号：____________

名称：____________　编号：____________　型号：____________

名称：____________　编号：____________　型号：____________

报告编制：　　复核：　　签发：

盖　章

年　月　日

9.5 实训评价

9.5.1 操作规范评分表

操作规范评分表见表 9-5。

表 9-5 操作规范评分表

序号	考核点	配分	评分标准	扣分	得分
一	仪器准备	4			
1	玻璃仪器洗涤	2	①未用蒸馏水清洗 2 遍以上，扣 1 分； ②玻璃仪器出现挂水珠现象，扣 1 分		
2	分光光度计预热 20 min	2	①仪器未进行预热或预热时间不够，扣 1 分； ②未切断光路预热，扣 1 分		
二	标准溶液的配制	16			
1	溶液配制过程中有关的实验操作	10	①未进行容量瓶试漏检查，扣 0.5 分； ②容量瓶、比色管加蒸馏水时未沿器壁流下或产生大量气泡，扣 0.5 分； ③蒸馏水瓶管尖接触容器，扣 0.5 分； ④加水至容量瓶约 3/4 体积时没有平摇，扣 0.5 分； ⑤容量瓶、比色管加水至近标线等待 1 min，没有等待的，扣 0.5 分； ⑥容量瓶、比色管逐滴加入蒸馏水至标线操作不当或定容不准确，扣 0.5 分； ⑦持瓶方式不正确，扣 0.5 分； ⑧容量瓶、比色管未充分混匀或中间未开塞，扣 0.5 分； ⑨溶液使用前没有盖塞充分摇匀，扣 0.5 分； ⑩润洗方法不正确，扣 0.5 分； ⑪将移液管中过多的贮备液放回贮备液瓶中，扣 0.5 分； ⑫移液管管尖触底，扣 0.5 分； ⑬移液管出现吸空现象，扣 1 分； ⑭移液管移取标准贮备液、标准工作液、水样原液及水样稀释液前未处理管尖溶液，扣 0.5 分； ⑮移取标准贮备液、标准工作液及水样原液时未另用一烧杯调节液面，扣 0.5 分； ⑯移液管移取标准贮备液、标准工作液、水样原液及水样稀释液时，调节液面前未处理管尖部，扣 0.5 分； ⑰移液管未能一次调节至刻度，扣 1 分； ⑱移液管放液不规范，扣 1 分； ⑲取完试剂后未及时盖上试剂瓶盖，扣 0.5 分		
2	标准系列的配制	3	①直接在贮备液中进行相关操作，扣 1 分； ②标准工作液未贴标签或标签内容不全（包括名称、浓度、日期、配制者），扣 1 分； ③每个点移取的标准溶液应从零分度开始，出现不正确项 1 次扣 0.5 分，但不超过该项总分 3 分（工作液可放回剩余溶液的烧杯中再取液）		

序号	考核点	配分	评分标准	扣分	得分
3	水样稀释液的配制	3	直接在水样原液中进行相关操作，扣 3 分（水样稀释液在移液管吸干后可在容量瓶中进行相关操作）		
三	分光光度计使用	15			
1	测定前的准备	2	①没有进行比色皿配套性选择，或选择不当，扣 1 分； ②不能正确在 T 挡调“100%”和“0”，扣 1 分		
2	测定操作	7	①手触及比色皿透光面，扣 0.5 分； ②比色皿润洗方法不正确（须含蒸馏水洗涤、待装液润洗），扣 0.5 分； ③比色皿润洗操作不正确，扣 0.5 分； ④加入溶液高度不正确，扣 1 分； ⑤比色皿外壁溶液处理不正确，扣 1 分； ⑥比色皿盒拉杆操作不当，扣 0.5 分； ⑦重新取液测定，每出现一次扣 1 分，但不超过 4 分； ⑧不正确使用参比溶液，扣 1 分		
3	测定过程中仪器被溶液污染	2	①比色皿放在仪器表面，扣 1 分； ②比色室被洒落溶液污染，扣 0.5 分； ③比色室未及时清理干净，扣 0.5 分		
4	测定后的处理	4	①台面不清洁，扣 0.5 分； ②未取出比色皿及未洗涤，扣 1 分； ③没有倒尽控干比色皿，扣 0.5 分； ④测定结束，未做使用记录登记，扣 1 分； ⑤未关闭仪器电源，扣 1 分		
四	实验数据处理	12			
1	标准曲线取点		标准曲线取点不得少于 6 个（包含试剂空白点），否则标准曲线无效，扣 12 分		
2	正确绘制标准曲线	5	①标准曲线坐标选取错误或比例不合理（含曲线斜率不当），扣 1 分； ②测量数据及回归方程计算结果未标在曲线中，扣 1 分； ③缺少曲线名称、坐标、箭头、符号、单位量、回归方程及数据有效位数不对，每项扣 0.5 分，但不超过 3 分		
3	试液吸光度处于要求范围内	2	水样取用量不合理致使吸光度超出要求范围或在 0 号与 1 号管测点范围内，扣 2 分		
4	原始记录	3	数据未直接填在报告单上、数据不全、有效数字位数不对、有空项，原始记录中，缺少计量单位，数据更改每项扣 0.5 分，可累计扣分，但不超过该项总分 3 分		
5	有效数字运算	2	①回归方程未保留小数点后 4 位数字，扣 0.5 分； ②γ 未保留小数点后 4 位数字，扣 0.5 分； ③测量结果未保留到小数点后 2 位数字，扣 1 分		
五	文明操作	18			
1	实验室整洁	4	实验过程中台面、地面脏乱，废液处置不当，一次性扣 4 分		

序号	考核点	配分	评分标准	扣分	得分
2	清洗仪器、试剂等物品归位	4	实验结束后未先清洗仪器或试剂物品未归位就完成报告，一次性扣 4 分		
3	仪器损坏	6	仪器损坏，一次性扣 6 分		
4	试剂用量	4	每组均备有 2 倍用量的试剂，若还需添加，则一次性扣 4 分		
六	测定结果	35			
1	回归方程的计算	5	没有算出或计算错误回归方程的，扣 5 分		
2	标准曲线线性	10	①$\gamma \geqslant 0.9999$，不扣分； ②$0.9990 \leqslant \gamma \leqslant 0.9998$，扣 1～9 分； ③$\gamma < 0.9990$，扣 10 分； ④$\gamma$ 计算错误或未计算先扣 3 分，再按相关标准扣分，但不超过 6 分		
3	测定结果精密度	10	①$\lvert R_d \rvert \leqslant 0.5\%$，不扣分； ②$0.5\% < \lvert R_d \rvert \leqslant 1.4\%$，扣 1～9 分； ③$\lvert R_d \rvert > 1.4\%$，扣 10 分； ④精密度计算错误或未计算，扣 10 分； ⑤水样原液未做 3 份平行样，一次性扣 10 分		
4	测定结果准确度	10	①测定值在保证值±0.5%内，不扣分； ②测定值在保证值 ±（0.6%～1.8%），扣 1～9 分； ③测定值不在保证值±1.8%内，扣 10 分		
	最终合计	100			

9.5.2 实训总体评价

实训总体评价见表9-6。

表9-6 实训总体评价

序号	项目内容	权重/%	自评分（50%）	小组评分（50%）	综合分
职业素养	纪律	5			
	团队精神	5			
	职业综合能力	10			
职业技能	实训准备	5			
	操作规范	50			
	数据处理	20			
	报告编制	5			
综合得分					
请根据以上打分情况，对本实训当中的工作和学习状态进行总体评述，分析自己的不足之处，描述今后的改进措施。					
教师评价：					

项目 10　氯化物的测定
——硝酸银滴定法

实训目标

- **能力（技能）目标**

  ①掌握标准溶液的配制方法。
  ②掌握沉淀滴定法的操作技能。
  ③掌握硝酸银滴定法测定氯化物的步骤。
- **认知（知识）目标**

  ①掌握氯化物基础知识。
  ②掌握硝酸银滴定法测定氯化物的实验原理。
  ③能够准确计算氯离子含量。
- **其他（素质）目标**

  ①培养良好的职业道德、工作态度和责任感。
  ②培养良好的计划组织能力。
  ③培养良好的团队协作精神。
  ④遵守实验室安全操作规定。
  ⑤遵守环境保护规定。

能力训练任务

①阅读样品检测委托协议。
②样品的采集和保存。
③样品的前处理。
④氯化钠溶液准确标定硝酸银溶液准确浓度。
⑤样品及空白的测定。
⑥数据的计算与处理。
⑦报告编制。

项目 10
讲解与示范

10.1 接受任务

填写委托检测协议（表 10-1）。

表 10-1 委托检测协议

<table>
<tr><td rowspan="4">委托单位信息</td><td colspan="6">名称：</td></tr>
<tr><td colspan="6">地址：</td></tr>
<tr><td colspan="4">联系人：</td><td colspan="2">联系电话：</td></tr>
<tr><td colspan="4">传真：</td><td colspan="2">电子邮箱：</td></tr>
<tr><td rowspan="4">受理单位信息</td><td colspan="6">名称：</td></tr>
<tr><td colspan="6">地址：</td></tr>
<tr><td colspan="4">联系人：</td><td colspan="2">联系电话：</td></tr>
<tr><td colspan="4">传真：</td><td colspan="2">电子邮箱：</td></tr>
<tr><td rowspan="2">委托内容</td><td colspan="6">检测项目：
检测参数/方法：</td></tr>
<tr><td>检测依据</td><td colspan="5">□由委托单位指定检测方法
□由受理单位选定合适的检测方法</td></tr>
<tr><td>来样形式</td><td colspan="6">□受理单位采样　□委托单位自采</td></tr>
<tr><td>委托样品</td><td colspan="6">□水样　□泥样　□固体样品　□气体样品</td></tr>
<tr><td>样品数量</td><td></td><td>采样容器</td><td colspan="2"></td><td>样品量</td><td></td></tr>
<tr><td>样品状态</td><td colspan="6">□浊　□较浊　□较清洁　□清洁
□黑色　□灰色　□其他颜色</td></tr>
<tr><td>样品存放条件</td><td colspan="3">□室温　□避光　□冷藏（4℃）</td><td>样品处置</td><td colspan="2">□退回　□自由处置</td></tr>
<tr><td>是否比对</td><td colspan="6">□否
□是（比对项目：________ 指定比对方：________）</td></tr>
<tr><td>检测期限</td><td colspan="6">□标准（7 个工作日内）　□委托单位指定：________　□其他：________</td></tr>
<tr><td rowspan="2">报告发送</td><td colspan="6">□自取　□快递到付　□快递已付　□传真/邮件</td></tr>
<tr><td colspan="6">报告邮寄地址：</td></tr>
<tr><td>付款方式</td><td colspan="6">□无预付款　□有预付款（预付：________）　□定期结算　□其他：________</td></tr>
<tr><td>备　注</td><td colspan="6"></td></tr>
<tr><td colspan="3">委托方签字：　　　　日期：</td><td colspan="4">受理方签字：　　　　日期：</td></tr>
</table>

10.2 实施检测

10.2.1 预备知识

氯离子（Cl^-）是水和废水中常见的阴离子，其在自然界中的含量变化很大。人体内缺少氯会导致腹泻、缺水等症状。婴儿如果由于遗传因素而缺氯，会导致生长障碍。有专家认为，过多的氯化钠摄取量会导致高血压。氯化物具有重要的生理作用及工业用途。因此在生活污水和工业废水中均含有一定数量的氯离子。

在中性至弱碱性范围内（pH 为 6.5～10.5），以铬酸钾为指示剂，用硝酸银滴定氯化物时，由于氯化银的溶解度小于铬酸银的溶解度，氯离子首先被完全沉淀出来，然后铬酸盐以铬酸银的形式产生砖红色沉淀，指示滴定终点达到。该滴定的反应如下：

$$Ag^+ + Cl^- \longrightarrow AgCl\downarrow$$

$$2Ag^+ + CrO_4^{2-} \longrightarrow Ag_2CrO_4\downarrow \text{（砖红色）}$$

10.2.2 实训准备

实训准备见表 10-2。

表 10-2 实训准备

准备事宜	序号	名 称	方 法
样品的采集和保存	水样采集在聚乙烯瓶或玻璃瓶内，在 1～5℃和避光条件下可保存 30 d		
实训试剂	（1）	高锰酸钾溶液 [c（$1/5KMnO_4$）= 0.01 mol/L]	称取 0.316 g 高锰酸钾，加入少量水溶解，移至 1 L 容量瓶中，定容至 1 L
	（2）	30%过氧化氢（H_2O_2）	分析纯
	（3）	95%乙醇	分析纯
	（4）	硫酸溶液 [c（$1/2H_2SO_4$）= 0.05 mol/L]	小心将 1.4 mL 的浓硫酸（ρ=1.84 g/mL）慢慢在不停搅动下加到适量水中，稀释到 1 L 即可
	（5）	氢氧化钠溶液（c=0.05 mol/L）	称取 0.2 g 氢氧化钠溶于水中，稀释至 100 mL
	（6）	氢氧化铝悬浮液	溶解 125 g 硫酸铝钾 $KAl(SO_4)_2 \cdot 12H_2O$ 于 1 L 蒸馏水中，加热到 60℃，边搅拌边缓缓加入 55 mL 浓氨水，放置 1 h 后，移至体积大于 1 L 的瓶中，用倾泻法反复洗涤沉淀物，直到洗涤液不含氯离子为止。用水稀释至 300 mL
	（7）	氯化钠标准溶液（c=0.014 1 mol/L）	氯化物含量相当于 500 mg/L。将氯化钠置于坩埚中，在 500～600℃下灼烧 40～50 min，在干燥器中冷却后称取 8.240 0 g，溶于蒸馏水中，在容量瓶中稀释至 1 000 mL。吸取 10.0 mL，在容量瓶中准确稀释至 100 mL。此标准溶液 1.00 mL 中含有 0.50 mg 氯化物
	（8）	硝酸银标准溶液（c=0.014 1 mol/L）	称取 2.395 0 g 于 105℃烘 30 min 的硝酸银（$AgNO_3$），溶于蒸馏水中，在容量瓶中准确稀释至 1 000 mL，贮存在棕色瓶中

准备事宜	序号	名　称	方　法
实训试剂	（9）	铬酸钾溶液（ρ=50 g/L）	称取 5 g 铬酸钾（K_2CrO_4）溶于少量蒸馏水中，滴加硝酸银溶液至有红色沉淀生成，摇匀，静置 12 h，然后过滤并用蒸馏水将滤液稀释至 100 mL
	（10）	酚酞指示剂溶液	称取 0.5 g 酚酞溶于 50 mL（3）乙醇（95%）中，加入 50 mL 蒸馏水，再滴加（5）NaOH 0.05 mol/L 溶液使呈微红色
水样的预处理		去颜色、去浑浊	若水样浑浊及带有颜色，则取水样 150 mL 或取水样适量稀释至 150 mL，加入 2 mL（6）氢氧化铝悬浮液，振荡过滤，弃去最初滤下的 20 mL，用干的干净锥形瓶接下滤液备用
		马弗炉灰法	若水样有机物含量高或色度高，可用马弗炉灰法，取适量水样于蒸发皿中，调节 pH 至 8～9，置水浴上蒸干，然后放入马弗炉中 600℃灼烧 1 h，取出冷却后，加 10 mL 蒸馏水，移入锥形瓶中，再用蒸馏水洗 3 次，一并移入锥形瓶中，调节 pH 到 7 左右，稀释至 50 mL
		去色	由有机质产生的较轻色度，可以加入（1）0.01 mol/L 高锰酸钾溶液，煮沸，再滴加（3）乙醇（95%）以除去多余的高锰酸钾至水样褪色，过滤，滤液贮存于锥形瓶中备用
			如果水样中含有硫化物、亚硫酸盐或硫代硫酸盐，则加入（5）NaOH 溶液（0.05 mol/L）将水样调至中性或弱碱性，加入 1 mL（3）过氧化氢（30%），摇匀，1 min 后，加热至 70～80℃，以除去过量的过氧化氢

10.2.3　分析检测

（1）硝酸银溶液标定

吸取 25.00 mL（7）氯化钠标准溶液（0.014 1 mol/L）于锥形瓶中，再加蒸馏水 25 mL 于锥形瓶中。

空白实验：
另一锥形瓶中加入 50 mL 蒸馏水。

↓

加入 1 mL（9）铬酸钾溶液（ρ=50 g/L）。

↓

用（8）硝酸银标准溶液滴定至砖红色沉淀刚刚出现为止，即为滴定终点。

↓

计算硝酸银的浓度：

$$m=\frac{25\times 0.50}{V_1-V_0}$$

式中：m——1.00 mL 硝酸银标准溶液相当于氯化物（以 Cl^-计）的质量，mg；

V_1——滴定氯化钠标准溶液消耗硝酸银标准溶液的体积，mL；

V_0——滴定空白消耗硝酸银标准溶液的体积，mL。

↓

根据标定的浓度，校正硝酸银溶液的浓度，使 1.00 mL 相当于氯化物 0.50 mg（以 Cl^-计）。

（2）水样的测定

用吸管吸取水样或经预处理的水样 50 mL（若水样中氯化物浓度过高，可取适当水样用蒸馏水稀释至 50 mL），置于锥形瓶中。

空白实验：
另一锥形瓶中加入 50 mL 蒸馏水。

↓

若水样 pH 不在 6.5～10.5，用酚酞做指示剂，用（4）硫酸溶液（0.05 mol/L）或（5）NaOH 溶液（0.05 mol/L）调节至红色刚刚褪去。

↓

加入 1 mL（9）铬酸钾溶液（ρ=50 g/L）。

↓

用硝酸银标准溶液滴定至砖红色沉淀刚刚出现为止，即为滴定终点。

↓

计算水样氯化物（以 Cl^-计）的质量浓度：

$$\rho(Cl^-)=\frac{(V_1-V_0)\times M\times 35.45\times 1\,000}{V}$$

式中：$\rho(Cl^-)$——水样中氯化物（以 Cl^-计）的质量浓度，mg/L；
V_1——水样消耗硝酸银标准溶液的体积，mL；
V_0——空白实验消耗硝酸银标准溶液的体积，mL；
M——硝酸银标准溶液的浓度，mol/L；
V——水样的体积，mL。

10.2.4 质量控制和保证

①本方法适用于天然水中氯化物的测定，也适用于经过适当稀释的高矿化水（如咸水、海水等），以及经过预处理除去干扰物的生活污水或工业废水。

此方法适用于测定浓度范围为 10～500 mg/L 的氯化物，高于此范围的水样，经稀释后可以扩大其测定范围。氯化物浓度低于 10 mg/L 的样品，建议采用离子色谱法。

溴化物、碘化物及氰化物能与氯化物一起被滴定。正磷酸盐与聚磷酸盐分别超过 250 mg/L 及 25 mg/L 时有干扰，铁含量超过 10 mg/L 终点不明显。

②铬酸钾在水样中的浓度会影响终点到达的时间。在 50～100 mL 滴定液中加入 1 mL（9）5%铬酸钾溶液（50 g/L），使 CrO_4^{2-}浓度为 2.6×10^{-3}～5.2×10^{-3} mol/L。在滴定终点时，硝酸银加入量略过终点，可用空白测定值消除。

③硝酸银滴定法测定氯离子时必须在中性或弱碱性（pH 为 6.5～10.5）溶液中进行，不能在酸性和强碱性溶液中进行。在酸性介质中，铬酸银（Ag_2CrO_4）沉淀易发生溶解，致使滴定终点推迟，导致滴定分析结果不准确。在强碱性介质中，会产生黑色 Ag_2O 沉淀，使滴定操作无法进行。

10.3 氯化物分析

①硝酸银溶液的标定，原始数据记录在表 10-3 中。

表 10-3 硝酸银溶液标定数据记录表

项目	滴定空白时	滴定氯化钠标准溶液时		
		1	2	3
硝酸银溶液消耗的体积/mL				
硝酸银溶液的浓度/mg	—			
标定结果的精密度（极差/平均值）				
硝酸银溶液的平均浓度/mg				

注：校正硝酸银溶液的浓度，使 1.00 mL 硝酸银溶液相当于氯化物 0.50 mg（以 Cl^-计）。

②样品的测定，原始数据记录在表 10-4 中。

表 10-4 水质样品原始数据记录表

样品编号	取样量/mL	稀释倍数	硝酸银溶液消耗体积/mL	样品中氯化物浓度/（mg/L）
空白				
1				
2				
3				
标定结果的精密度（极差/平均值）				
样品中氯化物的平均浓度/（mg/L）				

分析人： 校对人： 审核人：

10.4 出具报告

封面：

检 测 报 告 书

样品名称________________

被检单位________________

检测单位________________

报告日期　　年　月　日

首页及正文：

__________分析测试中心

字（20　年）第　号

共　页，第　页

样品名称________________　检测类别　委托　

被检单位________________　样品编号________

样品类别________　包装情况________　收样日期________

采样日期________　采样地点________________

样品性状________________　样品数量________　检测日期________

检测项目________________

____

检测结果及评价依据：

测定值：________________　评价依据：________________

结论及评价：

结论：________________　评价：________________

检测环境条件：________　温度：______　相对湿度：________　气压：________

主要检测仪器设备：

名称：________　编号：________　型号：________

名称：________　编号：________　型号：________

名称：________　编号：________　型号：________

报告编制：　复核：　签发：

盖　章

年　月　日

10.5 实训评价

10.5.1 操作规范评分表

操作规范评分表见表 10-5。

表 10-5 操作规范评分表

序号	考核点	配分	评分标准	扣分	得分
一	称量	15			
1	称量前准备	1	①未检查调整天平水平，扣 0.5 分； ②托盘未清扫，扣 0.5 分		
2	天平称量操作	12	①干燥器盖子放置不正确，扣 0.5 分； ②称样时，若手直接接触被称物容器或被称物容器直接放在台面上，每次扣 0.5 分； ③称量瓶未放置在天平盘中央，扣 0.5 分； ④超出规定量±5%，每份扣 0.5 分；超出规定量±10%，每份扣 1 分，最多扣 4 分； ⑤试样洒落，扣 2 分； ⑥开关天平门、放置称量物要轻巧，否则一次性扣 0.5 分		
3	称量后处理	2	①未关天平门，扣 0.5 分； ②天平内外不清洁，扣 0.5 分； ③未检查零点，扣 0.5 分； ④凳子未归位，扣 0.5 分； ⑤未做使用记录登记，扣 0.5 分		
二	标准滴定溶液的配制和标定	24			
1	玻璃仪器的洗涤	0.5	玻璃仪器洗涤干净后内壁应不挂水珠，否则一次性扣 0.5 分		
2	转移溶液	3	①容量瓶未试漏检查，一次性扣 0.5 分； ②烧杯没沿玻璃棒向上提起，一次性扣 0.5 分； ③玻璃棒若靠在烧杯嘴处，一次性扣 0.5 分； ④吹洗转移重复 4 次以上，否则扣 0.5 分； ⑤溶液有洒落，扣 2 分		
3	移液管润洗	2	①润洗溶液若超过总体积的 1/3，一次性扣 0.5 分； ②润洗后废液应从下口排放，否则一次性扣 0.5 分； ③润洗少于 3 次，一次性扣 1 分		
4	移取溶液、放出溶液	5.5	①移液管插入标准溶液前或调节标准溶液液面前未用滤纸擦拭管外壁，出现一次扣 0.5 分，最多扣 2 分； ②移液时，移液管插入液面下 1～2 cm，插入过深一次性扣 0.5 分； ③吸空或将溶液吸入吸耳球内，一次性扣 1 分； ④调节好液面后放液前管尖有气泡，一次性扣 1 分； ⑤移液时，移液管不竖直，每次扣 0.5 分；锥形瓶未倾斜 30°～45°，每次扣 0.5 分；管尖未靠壁，每次扣 0.5 分，此项累计不超过 2 分； ⑥溶液流完后未停靠 15 s，每次扣 0.5 分，此项累计不超过 1 分		

序号	考核点	配分	评分标准	扣分	得分
5	定容操作	4	①加水至容量瓶约 3/4 体积时没有平摇，一次性扣 0.5 分； ②加水至近标线等待 1 min，没有等待的，一次性扣 0.5 分； ③定容超过刻度，一次性扣 2 分； ④未充分摇匀、中间未开塞，一次性扣 0.5 分； ⑤定容或摇匀时持瓶方式不正确，一次性扣 0.5 分		
6	滴定操作	9	①滴定管未进行试漏或时间不足 2 min（总时间），扣 0.5 分； ②未双手配合或控制旋塞不正确，扣 1 分； ③未排净气泡，每次扣 0.5 分；调零时，应捏住滴定管上部无刻度处，否则一次性扣 0.5 分； ④滴定前管尖残液未除去，每出现一次扣 0.5 分，最多扣 1 分； ⑤滴定速度得当，若直线放液，一次性扣 1 分； ⑥操作不当造成漏液或滴出锥形瓶外，一次性扣 2 分； ⑦终点控制不准（非半滴到达、颜色过深），每出现一次扣 0.5 分，最多扣 2 分； ⑧终点后滴定管尖悬挂液滴或有气泡，一次性扣 1 分		
三	水样的测定	5			
1	取水样	1	①量器皿选择不正确，扣 1 分； ②样品没有调节 pH 在 6.5～10.5，扣 1 分		
2	测定过程	4	①指示剂加入量 1 mL，不正确扣 1 分； ②滴定管未进行试漏或时间不足 2 min（总时间），扣 0.5 分； ③未双手配合或控制旋塞不正确，扣 1 分； ④未排净气泡，每次扣 0.5 分； ⑤调零时，应捏住滴定管上部无刻度处，否则一次性扣 0.5 分； ⑥滴定前管尖残液未除去，每出现一次扣 0.5 分，最多扣 1 分； ⑦滴定速度得当，若直线放液，一次性扣 1 分； ⑧操作不当造成漏液或滴出锥形瓶外，一次性扣 2 分； ⑨终点控制不准（非半滴到达、颜色过深），每出现一次扣 0.5 分，最多扣 2 分； ⑩终点后滴定管尖悬挂液滴或有气泡，一次性扣 1 分		
四	数据的记录和结果计算	11			
1	正确读数	4	读数不正确，每出现一次扣 0.5 分（滴定管的读数应读准至 ±0.01 mL）		
2	原始记录	4	①数据未直接填在报告单上，每出现一次扣 1 分； ②数据记录不正确（有效数字、单位），出现一次扣 1 分； ③数据不全、有空格、字迹不工整每出现一次扣 0.5 分，可累加扣分，但不出现给负分的情况		
3	有效数字运算	3	有效数字运算不规范，每出现一次扣 1 分，最多扣 2 分		
五	文明操作	5			
1	实验室整洁	1	实验过程中台面、地面脏乱，一次性扣 1 分		
2	实验结束清洗仪器、试剂物品归位	2	实验结束后未先清洗仪器或试剂物品未归位就完成报告，一次性扣 2 分		

序号	考核点	配分	评分标准	扣分	得分
3	仪器损坏	2	损坏仪器，每出现一次扣 1 分		
六	测定结果	40			
1	标定结果精密度	10	①（极差/平均值）≤0.15%，不扣分，0.15%＜（极差/平均值）≤0.25%，扣 2.5 分； ②0.25%＜（极差/平均值）≤0.35%，扣 5 分； ③0.35%＜（极差/平均值）≤0.45%，扣 7.5 分； ④（极差/平均值）＞0.45%，或标定结果少于 4 份，精密度不给分		
2	标定结果准确度	10	①（极差/平均值）＞0.45%，或标定结果少于 3 份，扣 10 分； ②测定值在保证值±1 s 内，不扣分； ③测定值在保证值±2 s 内，扣 3 分； ④测定值在保证值±3 s 内，扣 6 分； ⑤测定值在保证值±4 s 外，扣 10 分		
3	测定结果精密度	10	①（极差/平均值）≤3%，不扣分； ②3%＜（极差/平均值）≤5%，扣 3 分； ③5%＜（极差/平均值）≤7.5%，扣 7 分； ④7.5%＜（极差/平均值），扣 10 分		
4	测定结果准确度	10	①（极差/平均值）＞10%，或测定结果少于 3 次，扣 10 分； ②测定值在保证值±1 s 内，不扣分； ③测定值在保证值±2 s 内，扣 3 分； ④测定值在保证值±3 s 内，扣 7 分； ⑤测定值在保证值±3 s 外，不得分		
	最终合计	100			

10.5.2 实训总体评价

实训总体评价见表 10-6。

表 10-6 实训总体评价

序号	项目内容	权重/%	自评分（50%）	小组评分（50%）	综合分
职业素养	纪律	5			
	团队精神	5			
	职业综合能力	10			
职业技能	实训准备	5			
	操作规范	50			
	数据处理	20			
	报告编制	5			
综合得分					
请根据以上打分情况，对本实训当中的工作和学习状态进行总体评述，分析自己的不足之处，描述今后的改进措施。					
教师评价：					

项目 11　六价铬的测定
——二苯碳酰二肼分光光度法

实训目标

- **能力（技能）目标**

①掌握分光光度计的使用方法。

②掌握二苯碳酰二肼分光光度法测定六价铬的步骤。

③掌握标准曲线定量方法。

- **认知（知识）目标**

①掌握有关六价铬的基础知识。

②掌握二苯碳酰二肼分光光度法测定六价铬的实验原理。

③能够计算标准曲线方程及γ。

- **其他（素质）目标**

①培养良好的职业道德、工作态度和责任感。

②培养良好的计划组织能力。

③培养良好的团队协作精神。

④遵守实验室安全操作规定。

⑤遵守环境保护规定。

能力训练任务

①阅读样品检测委托协议。

②样品的采集和保存。

③样品的前处理。

④标准系列的测试与绘制。

⑤样品的测定。

⑥数据的计算与处理。

⑦报告编制。

11.1 接受任务

填写委托检测协议（表 11-1）。

表 11-1 委托检测协议

<table>
<tr><td rowspan="4">委托单位信息</td><td colspan="6">名称：</td></tr>
<tr><td colspan="6">地址：</td></tr>
<tr><td colspan="4">联系人：</td><td colspan="2">联系电话：</td></tr>
<tr><td colspan="4">传真：</td><td colspan="2">电子邮箱：</td></tr>
<tr><td rowspan="4">受理单位信息</td><td colspan="6">名称：</td></tr>
<tr><td colspan="6">地址：</td></tr>
<tr><td colspan="4">联系人：</td><td colspan="2">联系电话：</td></tr>
<tr><td colspan="4">传真：</td><td colspan="2">电子邮箱：</td></tr>
<tr><td rowspan="2">委托内容</td><td colspan="6">检测项目：
检测参数/方法：</td></tr>
<tr><td>检测依据</td><td colspan="5">□由委托单位指定检测方法
□由受理单位选定合适的检测方法</td></tr>
<tr><td>来样形式</td><td colspan="6">□受理单位采样 □委托单位自采</td></tr>
<tr><td>委托样品</td><td colspan="6">□水样 □泥样 □固体样品 □气体样品</td></tr>
<tr><td>样品数量</td><td></td><td>采样容器</td><td colspan="2"></td><td>样品量</td><td></td></tr>
<tr><td>样品状态</td><td colspan="6">□浊 □较浊 □较清洁 □清洁
□黑色 □灰色 □其他颜色</td></tr>
<tr><td>样品存放条件</td><td colspan="3">□室温 □避光 □冷藏（4℃）</td><td>样品处置</td><td colspan="2">□退回 □自由处置</td></tr>
<tr><td>是否比对</td><td colspan="6">□否
□是（比对项目：____________ 指定比对方：____________）</td></tr>
<tr><td>检测期限</td><td colspan="6">□标准（7 个工作日内） □委托单位指定：__________ □其他：__________</td></tr>
<tr><td rowspan="2">报告发送</td><td colspan="6">□自取 □快递到付 □快递已付 □传真/邮件</td></tr>
<tr><td colspan="6">报告邮寄地址：</td></tr>
<tr><td>付款方式</td><td colspan="6">□无预付款 □有预付款（预付：________） □定期结算 □其他：________</td></tr>
<tr><td>备 注</td><td colspan="6"></td></tr>
<tr><td colspan="3">委托方签字： 日期：</td><td colspan="4">受理方签字： 日期：</td></tr>
</table>

11.2 实施检测

11.2.1 预备知识

铬是人和动物必需的微量元素之一，躯体缺铬可引起动脉粥样硬化症；另外铬还对植物生长有刺激作用，可提高收获量。但是过量铬会对人和动植物造成危害。铬的毒性与其价态关系密切，水中主要有三价铬和六价铬两种，六价铬的毒性远高于三价铬，且易被人体吸收和蓄积，铬可以通过消化、呼吸道、皮肤及黏膜侵入人体对人体产生危害。通过呼吸道进入时会有不同程度的沙哑、鼻黏膜萎缩等；经消化道侵入时可引起呕吐、腹疼，还有研究表明，六价铬具有致癌作用。

六价铬的迁移性能远高于三价铬，三价铬可附在固体物质上而存在于沉积物（底泥）中，六价铬则多溶于水中，可实现范围更广的迁移，水体中的六价铬部分会被水生动物等吸收，通过食物链传递给人体，部分遗留在水体中造成污染；使用遭受铬污染的水进行农作物灌溉，进入土壤中的六价铬部分被植物农作物吸收，部分不断地向下迁移，进入其他环境中，对人体和环境都有持久危险性。

六价铬是卫生标准中的重要指标，世界卫生组织（WHO）《饮用水水质准则》中要求，饮用水中总铬含量不得超过 0.05 mg/L。美国 EPA《国家饮用水水质标准》规定，饮用水中总铬含量不得超过 0.1 mg/L。我国要求饮用水中铬的浓度不得超过 0.05 mg/L，农业灌溉用水与渔业用水应小于 0.1 mg/L。

铬污染主要来源于毛皮与制革污染、电镀污染、铬盐、纺织印染及铬矿石开采与冶炼污染等。

二苯碳酰二肼分光光度法测定水中六价铬的原理是：在酸性溶液中，六价铬与二苯碳酰二肼反应生成紫红色化合物，于波长为 540 nm 处进行分光光度测定。

11.2.2 实训准备

实训准备见表 11-2。

表 11-2 实训准备

准备事宜	序号	名 称	方 法
样品的采集和保存	实验室样品应采用玻璃瓶采集，采集时，加入氢氧化钠，调节样品 pH 为 8 左右，采集后尽快测定，放置不能超过 24 h		
实训试剂	（1）	丙酮	
	（2）	（1+1）硫酸溶液	将优级纯硫酸（ρ=1.84 g/mL）缓缓加入同体积水中，混匀
	（3）	（1+1）磷酸溶液	将优级纯磷酸（ρ=1.69 g/mL）与水等体积混合
	（4）	氢氧化钠溶液（c=4 g/L）	将 1 g 氢氧化钠溶于水并稀释至 250 mL
	（5）	氢氧化锌共沉淀剂	①8%（m/V）硫酸锌溶液：称取 8 g 七水硫酸锌，溶于 100 mL 水中；②2%（m/V）氢氧化钠溶液：称取 2.4 g 氢氧化钠，溶于 120 mL 水中。用时将上述两溶液混合

准备事宜	序号	名　称	方　法
实训试剂	（6）	高锰酸钾溶液（c=40 g/L）	称取 4 g 高锰酸钾，在加热和搅拌条件下溶于水，最后稀释至 100 mL
	（7）	铬标准贮备液	称取（0.282 9±0.000 1）g 于 110℃干燥 2 h 的优级纯重铬酸钾，用水溶解后，移入 1 000 mL 容量瓶中以水稀释至标线，摇匀。1 mL 含六价铬 0.10 mg
	（8）	铬标准溶液（c=1.00 μg/L）	吸取 5.00 mg 铬标准贮备液置于 500 mL 容量瓶中，用水稀释至标线，摇匀，1 mL 含六价铬 1.00 μg，使用当天配制
	（9）	铬标准溶液（c=5.00 μg/L）	吸取 25.00 mg 铬标准贮备液置于 500 mL 容量瓶中，用水稀释至标线，摇匀，1 mL 含六价铬 5.00 μg，使用当天配制
	（10）	尿素溶液（c=200 g/L）	将 20 g 尿素溶于水并稀释至 100 mL
	（11）	亚硝酸钠溶液（c=20 g/L）	将 2 g 亚硝酸钠溶于水并稀释至 100 mL
	（12）	显色剂Ⅰ	称取 0.2 g 二苯碳酰二肼，溶于 50 mL（1）丙酮中，加水稀释至 100 mL，摇匀，贮存于棕色瓶，置冰箱中
	（13）	显色剂Ⅱ	称取 2 g 二苯碳酰二肼，溶于 50 mL（1）丙酮中，加水稀释至 100 mL，摇匀，贮存于棕色瓶，置于冰箱中
水样的预处理	色度校正		样品有色但不太深时，另取一份试样，以 2 mL（1）丙酮代替显色剂，进行正常显色测定步骤，试样测得的吸光度扣除此色度校正吸光度后，再进行计算
	锌盐沉淀分离		对浑浊、色度较深的样品，取适量样品（六价铬少于 100 μg）于 150 mL 烧杯中，加水至 50 mL，滴加（4）氢氧化钠溶液调节 pH 为 7～8。在不断搅拌下，滴加（5）氢氧化锌共沉淀剂至 pH 为 8～9。将此溶液转移至 100 mL 容量瓶中，用水稀释至标线，用慢速滤纸干过滤，弃去 10～20 mL 初滤液，取其中 50.0 mL 滤液供测定
	有机物干扰去除		当经锌盐沉淀分离处理后仍有有机物干扰，可用酸性高锰酸钾法破坏有机物后再测定，取 50.0 mL 滤液于 150 mL 锥形瓶中，加入几粒玻璃珠，加入 0.5 mL（2）（1+1）硫酸溶液、0.5 mL（3）（1+1）磷酸溶液，摇匀。加入 2 滴（6）高锰酸钾溶液，如紫红色消退，则应继续添加（6）高锰酸钾溶液保持紫红色，加热煮沸至剩余溶液体积约 20 mL，取下稍冷，用定量中速滤纸过滤，用水洗涤数次，合并滤液和洗液至 50 mL 比色管中。加入 1 mL（10）尿素溶液，摇匀，用滴管滴加（11）亚硝酸钠溶液，每加 1 滴充分摇匀，至高锰酸钾的紫红色刚好褪去。稍停片刻，待溶液中气泡逸尽，转移至 50 mL 比色管中，用水稀释至标线，供测定
	二价铁、亚硫酸盐、硫代硫酸盐等还原性物质的消除		取适量样品（含六价铬少于 50 μg）于 50 mL 比色管中，用水稀释至标线，加入 4 mL（3）显色剂Ⅱ，混匀，放置 5 min 后，加入 1 mL 分析纯硫酸，摇匀。5～10 min 后，在 540 nm 波长处，用 30 mm 光程比色皿，以水作参比测定吸光度。扣除空白实验测得的吸光度后，从校准曲线查得六价铬含量，以同样方法进行标准曲线的测定
	次氯酸盐等氧化性物质的消除		取适量样品含六价铬（少于 50 μg）于 50 mL 比色管中，用水稀释至标线，加入 0.5 mL 分析纯硫酸、0.5 mL（3）（1+1）磷酸溶液、1.0 mL 尿素溶液，摇匀，逐滴加入 1 mL（11）亚硝酸钠溶液，边加边摇，待气泡除尽后得到待测液

11.2.3　分析检测

在 9 个 50 mL 比色管中，分别加入 0.00 mL、0.20 mL、0.50 mL、1.00 mL、2.00 mL、4.00 mL、6.00 mL、8.00 mL 和 10.00 mL（8）或（9）六价铬标准工作溶液，用水稀释至标线。

取 50 mL 水代替水样进行空白实验。

取适量（含六价铬少于 50 μg）无色透明试样，置于 50 mL 比色管中，用水稀释至标线。

↓

加入 0.5 mL（2）（1+1）硫酸和 0.5 mL（3）（1+1）磷酸，摇匀。

↓

加入 2 mL（12）显色剂Ⅰ，摇匀。

↓

5～10 min 后，在波长 540 nm 下，用 30 mm 比色皿，以水作参比，测量吸光度。

↓

计算绘制标准曲线，计算水样六价铬的浓度：

$$C=\frac{m}{V}$$

式中：C——水样中六价铬的浓度，mg/L；

m——由校准曲线查得的试样含六价铬量，μg；

V——试样的体积，mL。

11.2.4　质量控制和保证

①试剂空白的吸光度应不超过 0.005（30 mm 比色皿）。

②若水样中不含悬浮物，或是低色度的清洁地面水可以直接测定，如含有不可忽略的悬浮物、色度、还原性物质及氧化性物质，则须按照规定进行相应的预处理。

③显色剂放置冰箱中，颜色变深后不能使用。

④进行标准系列配置时，如经锌盐沉淀分离法处理，则应加倍吸取。

11.3 数据记录与处理

①吸收池配套性检查。

比色皿的校正值：A_1 0.000 ；A_2______；A_3______。

所选比色皿为：______。

②标准曲线的绘制，原始数据记录在表 11-3 中。

测量波长：________；标准溶液原始浓度：________。

③水质样品的测定，原始数据记录在表 11-4 中。

表 11-3 标准系列数据记录表

溶液号	吸取标准溶液体积/mL	质量/μg	A	$A_{校正}$
0				
1				
2				
3				
4				
5				
6				
7				
8				
9				
回归方程：				
相关系数：				

表 11-4 水质样品数据记录表

平行测定次数	1	2	3
吸光度（A）			
空白值（A_0）			
校正吸光度（$A_{校正}$）			
回归方程计算所得质量/μg			
原始试液浓度/（μg/mL）			
样品六价铬的测定结果/（mg/L）			
R_d/%			

分析人：　　　　校对人：　　　　审核人：

标准曲线绘制图：

11.4 出具报告

封面：

检 测 报 告 书

样品名称______________________________

被检单位______________________________

检测单位______________________________

报告日期　　　年　　月　　日

首页及正文：

__________分析测试中心

字（20　　年）第　　号

共　　页，第　　页

样品名称____________________________________　检测类别　委托　

被检单位____________________________________　样品编号__________

样品类别____________　包装情况______________　收样日期__________

采样日期____________　采样地点______________________________________

样品性状__________________________　样品数量__________　检测日期__________

检测项目____

____

检测结果及评价依据：

测定值：____________________________　评价依据：____________________________

结论及评价：

结论：______________________________　评价：______________________________

检测环境条件：________　温度：______　相对湿度：__________　气压：__________

主要检测仪器设备：

名称：____________________　编号：________________　型号：________________

名称：____________________　编号：________________　型号：________________

名称：____________________　编号：________________　型号：________________

报告编制：　　　　　　　　复核：　　　　　　　　签发：

盖　章

年　　月　　日

11.5 实训评价

11.5.1 操作规范评分表

操作规范评分表见表 11-5。

表 11-5 操作规范评分表

序号	考核点	配分	评分标准	扣分	得分
一	仪器准备	4			
1	玻璃仪器洗涤	2	①未用蒸馏水清洗 2 遍以上，扣 1 分； ②玻璃仪器出现挂水珠现象，扣 1 分		
2	分光光度计预热 20 min	2	①仪器未进行预热或预热时间不够，扣 1 分； ②未切断光路预热，扣 1 分		
二	标准溶液的配制	16			
1	溶液配制过程中有关的实验操作		①未进行容量瓶试漏检查，扣 0.5 分； ②容量瓶、比色管加蒸馏水时未沿器壁流下或产生大量气泡，扣 0.5 分； ③蒸馏水瓶管尖接触容器，扣 0.5 分； ④加水至容量瓶约 3/4 体积时没有平摇，扣 0.5 分		
			①容量瓶、比色管加水至近标线等待 1 min，没有等待的，扣 0.5 分； ②容量瓶、比色管逐滴加入蒸馏水至标线操作不当或定容不准确，扣 0.5 分； ③持瓶方式不正确，扣 0.5 分； ④容量瓶、比色管未充分混匀或中间未开塞，扣 0.5 分； ⑤溶液使用前没有盖塞充分摇匀，扣 0.5 分； ⑥润洗方法不正确，扣 0.5 分； ⑦将移液管中过多的贮备液放回贮备液瓶中，扣 0.5 分； ⑧移液管管尖触底，扣 0.5 分； ⑨移液管出现吸空现象，扣 1 分； ⑩移液管移取标准贮备液、标准工作液、水样原液及水样稀释液前未处理管尖溶液，扣 0.5 分； ⑪移取标准贮备液、标准工作液及水样原液时未另用一烧杯调节液面，扣 0.5 分； ⑫移液管移取标准贮备液、标准工作液、水样原液及水样稀释液时，调节液面前未处理管尖部，扣 0.5 分； ⑬移液管未能一次调节至刻度，扣 1 分； ⑭移液管放液不规范，扣 1 分； ⑮取完试剂后未及时盖上试剂瓶盖，扣 0.5 分		
2	标准系列的配制	4	①贮备液未稀释，扣 1 分； ②直接在贮备液或工作液中进行相关操作，扣 1 分； ③标准工作液未贴标签或标签内容不全（包括名称、浓度、日期、配制者），扣 1 分； ④每个点移取的标准溶液应从零分度开始，出现不正确项 1 次扣 0.5 分，但不超过该项总分 4 分（工作液可放回剩余溶液的烧杯中再取液，辅助试剂可在移液管吸干后在原试剂中进行相关操作）		

序号	考核点	配分	评分标准	扣分	得分
3	水样稀释液的配制	1	直接在水样原液中进行相关操作，扣 1 分（水样稀释液在移液管吸干后可在容量瓶中进行相关操作）		
三	分光光度计使用	15			
1	测定前的准备	2	①没有进行比色皿配套性选择或选择不当，扣 1 分； ②不能正确在 T 挡调“100%”和“0”，扣 1 分		
2	测定操作	7	①手触及比色皿透光面，扣 0.5 分； ②比色皿润洗方法不正确（须含蒸馏水洗涤、待装液润洗），扣 0.5 分； ③比色皿润洗操作不正确，扣 0.5 分； ④加入溶液高度不正确，扣 1 分； ⑤比色皿外壁溶液处理不正确，扣 1 分； ⑥比色皿盒拉杆操作不当，扣 0.5 分； ⑦重新取液测定，每出现一次扣 1 分，但不超过 4 分； ⑧不正确使用参比溶液，扣 1 分		
3	测定过程中仪器被溶液污染	2	①比色皿放在仪器表面，扣 1 分； ②比色室被洒落溶液污染，扣 0.5 分； ③比色室未及时清理干净，扣 0.5 分		
4	测定后的处理	4	①台面不清洁，扣 0.5 分； ②未取出比色皿及未洗涤，扣 1 分； ③没有倒尽控干比色皿，扣 0.5 分； ④测定结束后，未做使用记录登记，扣 1 分； ⑤未关闭仪器电源，扣 1 分		
四	实验数据处理	12			
1	标准曲线取点		标准曲线取点不得少于 7 个（包含试剂空白点），否则标准曲线无效		
2	正确绘制标准曲线	5	①标准曲线坐标选取错误或比例不合理（含曲线斜率不当），扣 1 分； ②测量数据及回归方程计算结果未标在曲线中，扣 1 分； ③缺少曲线名称、坐标、箭头、符号、单位量、回归方程及数据有效位数不对，每项扣 0.5 分，但不超过 3 分		
3	试液吸光度处于要求范围内	2	水样取用量不合理致使吸光度超出要求范围或在 0 号与 1 号管测点范围内，扣 2 分		
4	原始记录	3	数据未直接填在报告单上、数据不全、有效数字位数不对、有空项，原始记录中缺少计量单位、数据更改每项扣 0.5 分，可累计扣分，但不超过该项总分 3 分		
5	有效数字运算	2	①回归方程未保留小数点后 4 位数字，扣 0.5 分； ②γ 未按要求保留小数点后 4 位数字，扣 0.5 分； ③测量结果未保留到小数点后 2 位数字，扣 1 分		
五	文明操作	18			
1	实验室整洁	4	实验过程中台面、地面脏乱，废液处置不当，一次性扣 4 分		
2	清洗仪器、试剂等物品归位	4	实验结束后未先清洗仪器或试剂物品未归位就完成报告，一次性扣 4 分		
3	仪器损坏	6	仪器损坏，一次性扣 6 分		

序号	考核点	配分	评分标准	扣分	得分
4	试剂用量	4	每组均备有2倍用量的试剂，若还需添加，则一次性扣4分		
六	测定结果	35			
1	回归方程的计算	5	没有算出或计算错误回归方程的，扣5分		
2	标准曲线线性	10	①$\gamma \geq 0.9999$，不扣分； ②$0.9990 \leq \gamma \leq 0.9998$，扣1～9分； ③$\gamma < 0.9900$，扣10分； ④$\gamma$计算错误或未计算先扣3分，再按相关标准扣分，但不超过10分		
3	测定结果精密度	10	①$\lvert R_d \rvert \leq 0.5\%$，不扣分； ②$0.5\% < \lvert R_d \rvert \leq 1.4\%$，扣1～9分； ③$\lvert R_d \rvert > 1.4\%$，扣10分； ④精密度计算错误或未计算扣10分； ⑤水样原液未做平行样3份，一次性扣10分（可为负分）		
4	测定结果准确度	10	①测定值在保证值±0.5%内，不扣分； ②测定值在保证值±（0.6%～1.8%），扣1～9分； ③测定值不在保证值±1.8%内，扣10分		
最终合计		100			

11.5.2 实训总体评价

实训总体评价见表 11-6。

表 11-6 实训总体评价

<table>
<tr><td>序号</td><td>项目内容</td><td>权重/%</td><td>自评分（50%）</td><td>小组评分（50%）</td><td>综合分</td></tr>
<tr><td rowspan="3">职业素养</td><td>纪律</td><td>5</td><td></td><td></td><td></td></tr>
<tr><td>团队精神</td><td>5</td><td></td><td></td><td></td></tr>
<tr><td>职业综合能力</td><td>10</td><td></td><td></td><td></td></tr>
<tr><td rowspan="4">职业技能</td><td>实训准备</td><td>5</td><td></td><td></td><td></td></tr>
<tr><td>操作规范</td><td>50</td><td></td><td></td><td></td></tr>
<tr><td>数据处理</td><td>20</td><td></td><td></td><td></td></tr>
<tr><td>报告编制</td><td>5</td><td></td><td></td><td></td></tr>
<tr><td>综合得分</td><td colspan="5"></td></tr>
<tr><td colspan="6">请根据以上打分情况，对本实训当中的工作和学习状态进行总体评述，分析自己的不足之处，描述今后的改进措施。</td></tr>
<tr><td colspan="6">教师评价：</td></tr>
</table>

项目 12　总硬度的测定——EDTA 滴定法

实训目标

- **能力（技能）目标**

①掌握配位滴定法测定水硬度的原理和方法。

②了解水硬度的表示方法及其计算。

③掌握铬黑 T、钙指示剂的使用条件和终点变化。

- **认知（知识）目标**

①掌握硬度的基础知识。

②掌握 EDTA 滴定法测定水中总硬度的实验原理。

③能够计算水中的总硬度。

- **其他（素质）目标**

①培养良好的职业道德、工作态度和责任感。

②培养良好的计划组织能力。

③培养良好的团队协作精神。

④遵守实验室安全操作规定。

⑤遵守环境保护规定。

能力训练任务

①阅读样品检测委托协议。

②样品的采集和保存。

③样品的前处理。

④滴定操作。

⑤样品的测定。

⑥数据的计算与处理。

⑦报告编制。

项目 12
讲解与示范

12.1 接受任务

填写委托检测协议（表 12-1）。

表 12-1 委托检测协议

<table>
<tr><td rowspan="4">委托单位信息</td><td colspan="4">名称：</td></tr>
<tr><td colspan="4">地址：</td></tr>
<tr><td colspan="2">联系人：</td><td colspan="2">联系电话：</td></tr>
<tr><td colspan="2">传真：</td><td colspan="2">电子邮箱：</td></tr>
<tr><td rowspan="4">受理单位信息</td><td colspan="4">名称：</td></tr>
<tr><td colspan="4">地址：</td></tr>
<tr><td colspan="2">联系人：</td><td colspan="2">联系电话：</td></tr>
<tr><td colspan="2">传真：</td><td colspan="2">电子邮箱：</td></tr>
<tr><td rowspan="2">委托内容</td><td colspan="4">检测项目：
检测参数/方法：</td></tr>
<tr><td>检测依据</td><td colspan="3">□由委托单位指定检测方法
□由受理单位选定合适的检测方法</td></tr>
<tr><td>来样形式</td><td colspan="4">□受理单位采样　　□委托单位自采</td></tr>
<tr><td>委托样品</td><td colspan="4">□水样　　□泥样　　□固体样品　　□气体样品</td></tr>
<tr><td>样品数量</td><td></td><td>采样容器</td><td></td><td>样品量</td></tr>
<tr><td>样品状态</td><td colspan="4">□浊　　□较浊　　□较清洁　　□清洁
□黑色　　□灰色　　□其他颜色</td></tr>
<tr><td>样品存放条件</td><td colspan="2">□室温　　□避光　　□冷藏（4℃）</td><td>样品处置</td><td>□退回　　□自由处置</td></tr>
<tr><td>是否比对</td><td colspan="4">□否
□是（比对项目：________________ 指定比对方：________________）</td></tr>
<tr><td>检测期限</td><td colspan="4">□标准（7 个工作日内）　□委托单位指定：____________　□其他：____________</td></tr>
<tr><td rowspan="2">报告发送</td><td colspan="4">□自取　　□快递到付　　□快递已付　　□传真/邮件</td></tr>
<tr><td colspan="4">报告邮寄地址：</td></tr>
<tr><td>付款方式</td><td colspan="4">□无预付款　□有预付款（预付：__________）　□定期结算　□其他：________</td></tr>
<tr><td>备 注</td><td colspan="4"></td></tr>
<tr><td colspan="2">委托方签字：　　　　日期：</td><td colspan="3">受理方签字：　　　　日期：</td></tr>
</table>

12.2 实施检测

12.2.1 预备知识

水的总硬度是指水中 Ca^{2+}、Mg^{2+}的总量，包括暂时硬度和永久硬度。水中 Ca^{2+}、Mg^{2+}以酸式碳酸盐形式存在的部分，因其遇热即形成碳酸盐沉淀而被除去，称为暂时硬度；而以硫酸盐、硝酸盐和氯化物等形式存在的部分，因其性质比较稳定，不能够通过加热的方式除去，故称为永久硬度。

硬度又分为钙硬和镁硬，钙硬是由 Ca^{2+}引起的，镁硬是由 Mg^{2+}引起的。水的硬度是表示水质的一个重要指标。洗涤用水如果硬度过高，不仅浪费肥皂，而且衣物也不易洗净。锅炉用水硬度太高，特别是暂时硬度太高，是十分有害的。因为经过长期烧煮后，水里的钙和镁会在锅炉内结成锅垢，使锅炉内的金属管道的导热能力大大降低，这不但浪费燃料，而且会使局部管道过热，当超过金属允许的温度时，锅炉管道将变形损毁，严重时会引起锅炉爆炸事故。

测定水的硬度常采用配位滴定法，用 EDTA 溶液滴定水中的 Ca、Mg，然后换算为相应的硬度单位。用 EDTA 滴定钙镁离子总量时，一般是在 pH 为 10 的 NH_3-NH_4Cl 缓冲溶液中进行，以铬黑 T（EBT）为指示剂。化学计量点前，Mg^{2+}与铬黑 T 形成酒红色络合物，滴入 EDTA 后，金属离子逐步被络合，当达到反应化学计量点时，已与指示剂络合的金属离子被 EDTA 夺出，游离出指示剂，使溶液由酒红色变为纯蓝色。滴定过程反应如下：

滴定前：$\underset{\text{（蓝色）}}{EBT} + Mg^{2+} = \underset{\text{（酒红色）}}{Mg\text{-}EBT}$

滴定时：$EDTA + Ca^{2+} = \underset{\text{（无色）}}{Ca\text{-}EDTA}$

$EDTA + Mg^{2+} = \underset{\text{（无色）}}{Mg\text{-}EDTA}$

终点时：$EDTA + \underset{\text{（酒红色）}}{Mg\text{-}EBT} = Mg\text{-}EDTA + \underset{\text{（蓝色）}}{EBT}$

若水样中存在 Fe^{3+}、Al^{3+}等微量杂质时，可用三乙醇胺进行掩蔽，Cu^{2+}、Pb^{2+}、Zn^{2+}等重金属离子可用 Na_2S 或 KCN 进行掩蔽。

水的硬度的测定分为总硬度以及钙-镁硬度，前者是测定 Ca、Mg 总量，后者是分别测定 Ca、Mg 分量。如测定钙硬度，可控制 pH 在 12～13，选用钙指示剂进行测定。镁硬度可由总硬度减去钙硬度求出。

12.2.2 实训准备

实训准备见表 12-2。

表 12-2　实训准备

准备事宜	序号	名　称	方　法
样品的采集和保存	采集水样可用硬质玻璃瓶（或聚乙烯容器），采样前先将瓶洗净。采样时用水冲洗 3 次，再采集于瓶中。 采集自来水及有抽水设备的井水时，应先放水数分钟，使积留在水管中的杂质流出，然后将水样收集于瓶中。采集无抽水设备的井水或江、河、湖等地面水时，可将采样设备浸入水中，使采样瓶口位于水面下 20～30 cm，然后拉开瓶塞，使水进入瓶中。 水样采集后（尽快送往实验室），应于 24 h 内完成测定。否则，每升水样中应加 2 mL 浓硝酸做保存剂（使 pH 降至 1.5 左右）		
实训试剂	（1）	缓冲溶液（pH=10）	称取 1.25 g EDTA 二钠镁和 16.9 g 氯化铵溶于 143 mL 浓氨水中，用水稀释至 250 mL
	（2）	EDTA 二钠标准溶液（c≈0.01 mol/L）	将一份 EDTA 二钠二水合物在 80℃干燥 2 h，放入干燥器中冷至室温，称取 3.725 g 溶于水，在容量瓶中定容至 1 000 mL，盛放在聚乙烯瓶中，定期校对其浓度
	（3）	钙标准溶液（c=0.01 mol/L）	将一份碳酸钙（$CaCO_3$）在 150℃干燥 2 h，取出放在干燥器中冷至室温，称取 1.001 g 于 500 mL 锥形瓶中，用水润湿。逐滴加入 4 mol/L 盐酸至碳酸钙全部溶解，避免滴入过量酸。加入 200 mL 水，煮沸数分钟赶除二氧化碳，冷却至室温，加入数滴甲基红指示剂溶液（0.1 g 溶于 100 mL 60%的乙醇中），逐滴加入 3 mol/L 氨水至变为橙色，在容量瓶中定容至 1 000 mL。此溶液 1.00 mL 含 0.400 8 mg（0.01 mmol）钙
	（4）	铬黑 T 指示剂	将 0.5 g 铬黑 T 溶于 100 mL 三乙醇胺，盛放在棕色瓶中
	（5）	氢氧化钠溶液（c=2 mol/L）	将 8 g 氢氧化钠溶于 100 mL 新鲜蒸馏水中。盛放在聚乙烯瓶中，避免空气中二氧化碳的污染
水样的预处理	情况 1：一般样品不需预处理。如样品中存在大量微小颗粒物，需在采样后尽快用 0.45 μm 孔径滤器过滤。样品经过过滤，可能有少量钙和镁被滤除		
	情况 2：试样中钙和镁总量超出 0.003 6 mol/L 时，应稀释至低于此浓度，记录稀释因子 F		
	情况 3：如试样经过酸化保存，可用计算量的（5）氢氧化钠溶液中和。计算结果时，应把样品或试样由于加酸或碱的稀释因素考虑在内		

12.2.3 分析检测

用移液管吸取 25.0 mL（3）钙标准溶液于 250 mL 锥形瓶中，平行取 3 份。

用移液管吸取 50.0 mL 预处理的水样于 250 mL 锥形瓶中，平行取 3 份。

↓

加入 4 mL（1）缓冲溶液和 3 滴（4）铬黑 T 指示剂（此时溶液应呈紫红色或紫色，其 pH 应为 10.0±0.1）。

↓

自滴定管加入（2）EDTA 二钠溶液，开始滴定时速度宜稍快，近终点时应稍慢，并充分振摇，最好每滴间隔 2～3 s，溶液的颜色由紫红或紫色逐渐转为蓝色，最后一点紫色的色调消失，刚出现天蓝色时即为终点，整个滴定过程应在 5 min 内完成。记录消耗 EDTA 二钠溶液体积的毫升数。

↓

分别计算 EDTA 二钠溶液标定后的准确浓度及钙和镁总量。

EDTA 二钠溶液标定后的准确浓度：

$$C_1=\frac{C_2V_2}{V_1}$$

式中：C_1——EDTA 二钠溶液标定后的准确浓度，mol/L；

C_2——钙标准溶液的浓度，mol/L；

V_1——标定中消耗的 EDTA 二钠溶液的体积，mL；

V_2——钙标准溶液的体积，mL。

钙和镁总量（总硬度）：

$$C=\frac{C_1V_1}{V_0}$$

式中：C——钙和镁总量（总硬度），mol/L；

C_1——EDTA 二钠溶液标定后的准确浓度，mol/L；

V_1——标定中消耗的 EDTA 二钠溶液的体积，mL；

V_0——试样体积，mL。

如试样经过稀释，采用稀释因子 F 修正计算。

12.2.4 质量控制和保证

①常用的 EDTA 浓度是 0.01～0.05 moL/L，$Na_2H_2Y_2\cdot 2H_2O$ 常含 0.3%的吸附水，若要直接配制标准溶液，必须将试剂在 80℃干燥过夜，或在 120℃烘干至恒重。由于水与其他试剂中常含有金属离子，EDTA 标准溶液常采用间接配制法。

②蒸馏水的质量是否符合要求是配位滴定中十分重要的问题。若配制溶液的水中含有 Al^{3+}、Cu^{2+}等，就会使指示剂受到封闭，致使终点难以判断；若水中含有 Ca^{2+}、Mg^{2+}、Pb^{2+}、Sn^{2+}等，则会消耗 EDTA，在不同情况下会对结果产生不同的影响。因此，在配位滴定中，

必须对所用的蒸馏水的质量进行检查。为保证质量，经常采用二次蒸馏水或去离子水来配制溶液。

③EDTA 应贮存在聚乙烯塑料瓶或硬质玻璃瓶中，若贮存于软质玻璃瓶中，会不断溶解玻璃中的 Ca^{2+}形成 CaY^{2-}使 EDTA 浓度不断降低。

④标定 EDTA 的基准物质很多，如金属 Zn、Cu、铋以及 ZnO、$CaCO_3$、$MgSO_4 \cdot 7H_2O$ 等。金属 Zn 的纯度高（达 99.99%），在空气中又稳定，Zn^{2+}与 ZnY^{2-}均无色，既能在 pH 为 5～6 时以二甲酚橙为指示剂标定，又可在 pH 为 9～10 的氨性缓冲溶液中以铬黑 T 为指示剂标定，终点均很敏锐，因此一般多采用金属 Zn 为基准物质。

⑤为确保测定的准确度高，标定条件应与测定条件尽可能接近。例如，由试剂或水中引入的杂质在不同条件下有不同的影响，若存在杂质 Ca^{2+}、Pb^{2+}，在碱性中滴定时，两者均与 EDTA 配位；在弱酸性溶液中，只有 Pb^{2+}与 EDTA 配位；而在强酸性溶液中滴定，则两者均不与 EDTA 配位，因此在相同的酸度下标定和测定，这种影响就可抵消。

⑥配位滴定速度较慢（不像酸碱反应那样在瞬间完成），故滴定时加入 EDTA 溶液的速度不能太快，特别是临近终点时，应逐滴加入，并充分振摇。

12.3 数据记录与处理

原始数据记录在表 12-3 中。

表 12-3 数据记录表

实验编号	1	2	3
钙标准溶液/mL			
滴定管初始读数/mL			
滴定管终点读数/mL			
EDTA 消耗体积/mL			
EDTA 的浓度/（mol/L）			
平均值			
相对偏差			
水样的测定			
水样编号	1	2	3
水样体积/mL			
EDTA 标液/mL			
水总硬度/（mol/L）			
平均值			
相对偏差			

分析人： 校对人： 审核人：

12.4 出具报告

封面：

检 测 报 告 书

样品名称________________________

被检单位________________________

检测单位________________________

报告日期 年 月 日

首页及正文：

__________分析测试中心

字（20 年）第 号

共 页，第 页

样品名称____________________________ 检测类别 委托

被检单位____________________________ 样品编号__________

样品类别__________ 包装情况__________ 收样日期__________

采样日期__________ 采样地点______________________________

样品性状______________________ 样品数量________ 检测日期__________

检测项目____

____

检测结果及评价依据：

测定值：______________________ 评价依据：______________________

结论及评价：

结论：________________________ 评价：__________________________

检测环境条件：________ 温度：______ 相对湿度：________ 气压：________

主要检测仪器设备：

名称：______________ 编号：____________ 型号：______________

名称：______________ 编号：____________ 型号：______________

名称：______________ 编号：____________ 型号：______________

报告编制： 复核： 签发：

盖 章

年 月 日

12.5 实训评价

12.5.1 操作规范评分表

操作规范评分表见表 12-4。

表 12-4 操作规范评分表

序号	考核点	配分	评分标准	扣分	得分
一	称量	16			
1	分析天平称量前准备	2	①未检查调整天平水平，扣 1 分； ②托盘未清扫，扣 1 分		
2	分析天平称量操作（不允许重称）	12	①干燥器盖子放置不正确，扣 0.5 分； ②称样时，若手直接接触被称物容器或被称物容器直接放在台面上，每次扣 0.5 分； ③称量瓶未放置在天平盘中央，扣 0.5 分； ④没有回敲动作，一次性扣 2 分； ⑤称一份试样敲样超过 3 次，一次性扣 2 分； ⑥超出规定量±5%，每份扣 0.5 分；超出规定量±10%，每份扣 1 分，最多扣 4 分； ⑦试样洒落，扣 2 分； ⑧开关天平门、放置称量物要轻巧，否则一次性扣 0.5 分		
3	称量后处理	2	①天平门未关，扣 0.5 分； ②天平内外不清洁，扣 0.5 分； ③未检查零点，扣 0.5 分； ④凳子未归位，扣 0.5 分； ⑤未做使用记录登记，扣 0.5 分		
二	标准滴定溶液的配制和标定	24			
1	玻璃仪器的洗涤	0.5	玻璃仪器洗涤干净后内壁应不挂水珠，否则一次性扣 0.5 分		
2	转移溶液	3	①容量瓶未试漏检查，一次性扣 0.5 分； ②烧杯没沿玻璃棒向上提起，一次性扣 0.5 分； ③玻璃棒若靠在烧杯嘴处，一次性扣 0.5 分； ④吹洗转移重复 4 次以上，否则扣 0.5 分； ⑤溶液有洒落，扣 2 分		
3	移液管润洗	2	①润洗溶液若超过总体积的 1/3，一次性扣 0.5 分； ②润洗后废液应从下口排放，否则一次性扣 0.5 分； ③润洗少于 3 次，一次性扣 1 分		
4	移取溶液、放出溶液	5.5	①移液管插入标准溶液前或调节标准溶液液面前未用滤纸擦拭管外壁，出现一次扣 0.5 分，最多扣 2 分； ②移液时，移液管插入液面下 1～2 cm，插入过深，一次性扣 0.5 分； ③吸空或将溶液吸入吸耳球内，一次性扣 1 分； ④调节好液面后放液前管尖有气泡，一次性扣 1 分； ⑤移液时，移液管不竖直，每次扣 0.5 分；锥形瓶未倾斜 30°～45°，每次扣 0.5 分；管尖未靠壁，每次扣 0.5 分，此项累计扣分不超过 2 分； ⑥溶液流完后未停靠 15 s，每次扣 0.5 分，此项累计扣分不超过 1 分		

序号	考核点	配分	评分标准	扣分	得分
5	定容操作	4	①加水至容量瓶约3/4体积时没有平摇的，一次性扣0.5分； ②加水至近标线等待1 min，没有等待的，一次性扣0.5分； ③定容超过刻度，一次性扣2分； ④未充分摇匀、中间未开塞，一次性扣0.5分； ⑤定容或摇匀时持瓶方式不正确，一次性扣0.5分		
6	滴定操作	9	①滴定管未进行试漏或时间不足2 min（总时间），扣0.5分； ②润洗前，未摇匀 $KMnO_4$ 溶液，一次性扣0.5分；润洗次数少于3次，扣1分； ③未排净气泡，每次扣0.5分；调零时，应捏住滴定管上部无刻度处，否则一次性扣0.5分； ④滴定前管尖残液未除去，每出现一次扣0.5分，最多扣1分； ⑤滴定速度得当，若直线放液，一次性扣1分； ⑥操作不当造成漏液或滴出锥形瓶外，一次性扣2分； ⑦终点控制不准（非半滴到达、颜色过深），每出现一次扣0.5分，最多扣2分； ⑧终点后滴定管尖悬挂液滴或有气泡，一次性扣1分		
三	数据的记录和结果计算	10			
1	正确读数	4	读数不正确，每出现一次扣0.5分（滴定管的读数应读准至±0.01 mL）		
2	原始记录	4	①数据未直接填在报告单上，每出现一次扣1分； ②数据不全、有空格、字迹不工整，每出现一次扣0.5分，可累加扣分，但不出现给负分的情况		
3	有效数字运算	2	有效数字运算不规范，每出现一次扣1分，最多扣2分		
四	文明操作	10			
1	实验室整洁	2	实验过程中台面、地面脏乱，一次性扣2分		
2	实验结束清洗仪器、试剂物品归位	4	实验结束后未先清洗仪器或试剂物品未归位就完成报告，一次性扣4分		
3	仪器损坏	4	损坏仪器，每出现一次扣2分		
五	测定结果	40			
1	标定结果精密度	10	①（极差/平均值）≤0.15%，不扣分，0.15%<（极差/平均值）≤0.25%，扣2.5分； ②0.25%<（极差/平均值）≤0.35%，扣5分； ③0.35%<（极差/平均值）≤0.45%，扣7.5分； ④（极差/平均值）>0.45%，或学生标定结果少于4份，精密度0分		
2	标定结果准确度	10	①（极差/平均值）>0.45%，或学生标定结果少于4份，准确度0分； ②标定结果在保证值±1 s内，不扣分； ③标定结果在保证值±2 s内，扣3分； ④标定结果在保证值±3 s内，扣6分； ⑤标定结果在保证值±4 s外，扣10分		
3	测定结果精密度	10	①（极差/平均值）≤3%，不扣分； ②3%<（极差/平均值）≤5%，扣3分； ③5%<（极差/平均值）≤7.5%，扣7分； ④7.5%<（极差/平均值），扣10分		
4	测定结果准确度	10	①测定结果在保证值±1 s内，不扣分； ②测定结果在保证值±2 s内，扣3分； ③测定结果在保证值±3 s内，扣7分； ④测定结果在保证值±4 s外，扣10分		
	最终合计	100			

12.5.2 实训总体评价

实训总体评价见表 12-5。

表 12-5 实训总体评价

序号	项目内容	权重/%	自评分（50%）	小组评分（50%）	综合分
职业素养	纪律	5			
	团队精神	5			
	职业综合能力	10			
职业技能	实训准备	5			
	操作规范	50			
	数据处理	20			
	报告编制	5			
综合得分					
请根据以上打分情况，对本实训当中的工作和学习状态进行总体评述，分析自己的不足之处，描述今后的改进措施。					
教师评价：					

项目 13　铁的测定
——邻菲啰啉分光光度法

实训目标

- **能力（技能）目标**

①掌握分光光度计的使用方法。

②掌握邻菲啰啉分光光度法测定铁的步骤。

③掌握标准曲线定量方法。

- **认知（知识）目标**

①掌握有关铁的基础知识。

②掌握邻菲啰啉分光光度法测定铁的实验原理。

③能够计算标准曲线方程及γ。

- **其他（素质）目标**

①培养良好的职业道德、工作态度和责任感。

②培养良好的计划组织能力。

③培养良好的团队协作精神。

④遵守实验室安全操作规定。

⑤遵守环境保护规定。

能力训练任务

①阅读样品检测委托协议。

②样品的采集和保存。

③样品的前处理。

④标准系列的测试与绘制。

⑤样品的测定。

⑥数据的计算与处理。

⑦报告编制。

项目 13
讲解与示范

13.1 接受任务

填写委托检测协议（表13-1）

表13-1 委托检测协议

委托单位信息	名称：				
	地址：				
	联系人：			联系电话：	
	传真：			电子邮箱：	
受理单位信息	名称：				
	地址：				
	联系人：			联系电话：	
	传真：			电子邮箱：	
委托内容	检测项目： 检测参数/方法：				
	检测依据	□由委托单位指定检测方法 □由受理单位选定合适的检测方法			
来样形式	□受理单位采样　□委托单位自采				
委托样品	□水样　□泥样　□固体样品　□气体样品				
样品数量		采样容器		样品量	
样品状态	□浊　□较浊　□较清洁　□清洁 □黑色　□灰色　□其他颜色				
样品存放条件	□室温　□避光　□冷藏（4℃）		样品处置	□退回　□自由处置	
是否比对	□否 □是（比对项目：________ 指定比对方：________）				
检测期限	□标准（7个工作日内）　□委托单位指定：________　□其他：________				
报告发送	□自取　□快递到付　□快递已付　□传真/邮件				
	报告邮寄地址：				
付款方式	□无预付款　□有预付款（预付：________）　□定期结算　□其他：________				
备　注					
委托方签字：	日期：		受理方签字：	日期：	

13.2 实施检测

13.2.1 预备知识

铁元素是人体所必需的元素之一，其化合物属低毒或微毒，二价铁具有一定的全身毒性作用，三价铁盐毒性较小，对黏膜具有轻度刺激性和腐蚀性。饮用水中过量的铁、锰元素含量会对人体健康造成威胁。铁在水中的存在形式有多种，主要为无机离子、胶体、有机的含铁络合物，铁也存在于较大的悬浮颗粒中。水环境中铁类化合物的浓度为 1.0 mg/L 时，有明显金属味；浓度为 0.5 mg/L 时，色度可大于 30 度。生活饮用水卫生标准对铁的规定限值为 0.3 mg/L，饮用水中铁浓度超过 0.3 mg/L 时，会对衣服、器皿着色及产生沉淀和异味。地下水是我国农村生活饮用水的重要水源之一，而铁含量超标则是影响地下水水质的重要因素之一。

此外，若以遭受铁污染的水源作为印染、纺织、造纸等工业用水，其产品上会形成黄斑，影响质量，因此，上述工业多以铁含量控制在 0.1 mg/L 以下作为其用水质量标准。

水中的铁污染主要来源于选矿、冶金、炼铁、机械加工、工业电镀、酸洗等行业废水，我国部分城市供水采用铁盐净化技术，若不能沉淀完全，也会造成供水的铁污染。

邻菲啰啉分光光度法测定水中铁的原理是：亚铁离子在 pH 为 3～9 的溶液中与邻菲啰啉生成稳定的橙红色络合物，在波长为 510 nm 处进行分光光度测定。若用还原剂将高铁离子还原，则可测得高铁离子及总铁含量。

上述亚铁离子与邻菲啰啉的反应为

$$3C_{12}H_8N_2+Fe^{2+} \longrightarrow [Fe(C_{12}H_8N_2)_3]^{2+}$$

13.2.2 实训准备

实训准备见表 13-2。

表 13-2 实训准备

准备事宜	序号	名称	方法
样品的采集和保存	①总铁：采样后立即将样品用优级纯盐酸酸化至 pH＜1； ②亚铁：采样时将 2 mL 优级纯盐酸放在一个 100 mL 具塞的水样瓶内，直接将水样注满样品瓶，塞好瓶塞以防氧化，一直保存至显色和测量完成（最好现场测定或现场显色）； ③可过滤铁：在采样现场，用 0.45 μm 滤膜过滤水样，并立即用盐酸酸化过滤水至 pH＜1，准确吸取样品 50 mL 置于 150 mL 锥形瓶中		
实训试剂	（1）	盐酸	ρ=1.18 g/mL，优级纯
	（2）	1+3 盐酸	按照 1 份盐酸、3 份水进行混合
	（3）	盐酸羟胺溶液（m/V=10%）	称取分析纯盐酸羟胺 10 g，以水溶解后定容至 100 mL
	（4）	缓冲溶液	40 g 分析纯乙酸铵加 50 mL 冰乙酸用水稀释至 100 mL
	（5）	邻菲啰啉（m/V=0.5%）	称取邻菲啰啉 0.5 g，加入水后加数滴盐酸帮助其溶解，最终以水稀释定容至 100 mL

<table>
<tr><th>准备事宜</th><th>序号</th><th>名　称</th><th>方　法</th></tr>
<tr><td rowspan="3">试剂</td><td>（6）</td><td>铁标准贮备液（c_{Fe}=100 μg/mL）</td><td>准确称取 0.702 0 g 硫酸亚铁铵，溶于 50 mL（1+1）硫酸中，转移至 1 000 mL 容量瓶中，加水至标线，摇匀</td></tr>
<tr><td>（7）</td><td>铁标准使用液（c_{Fe}=25.0 μg/mL）</td><td>准确移取铁标准贮备液 25.00 mL 置于 100 mL 容量瓶中，加水至标线，摇匀</td></tr>
<tr><td>（8）</td><td>饱和乙酸钠溶液</td><td>临用现配</td></tr>
<tr><td rowspan="3">水样的预处理</td><td colspan="3">①强氧化剂、氰化物、亚硝酸盐、焦磷酸盐、偏聚磷酸盐及某些重金属离子会干扰测定。经过加酸煮沸可将氰化物及亚硝酸盐除去，并使焦磷酸、偏聚磷酸盐转化为正磷酸盐以减轻干扰。加入盐酸羟胺则可消除强氧化剂的影响</td></tr>
<tr><td colspan="3">②邻菲啰啉能与某些金属离子形成有色络合物而干扰测定。但在乙酸-乙酸铵的缓冲溶液中，不大于铁浓度 10 倍的铜、锌、钴、铬及小于 2 mg/L 的镍，不干扰测定，当浓度更高时，可加入过量显色剂予以消除。汞、镉、银等能与邻菲啰啉形成沉淀，浓度低时，可加过量邻菲啰啉来消除；浓度高时，可将沉淀过滤除去</td></tr>
<tr><td colspan="3">③水样有底色，可用不加邻菲啰啉的试液作参比，对水样的底色进行校正</td></tr>
</table>

13.2.3　分析检测

校准曲线样品及可过滤铁样品：移取铁标准使用液 0.00 mL、2.00 mL、4.00 mL、6.00 mL、8.00 mL、10.0 mL 置于 150 mL 锥形瓶中，可过滤铁样品直接吸取 50 mL 置于 150 mL 锥形瓶中，加入蒸馏水至 50.0 mL，再加（2）（1+3）盐酸 1 mL，（3）盐酸羟胺溶液 1 mL，玻璃珠 1～2 粒。加热煮沸至溶液剩 15 mL 左右，冷却至室温，定量转移至 50 mL 具塞比色管中。

总铁水样：取 50.0 mL 混匀水样于 150 mL 锥形瓶中，加（2）（1+3）盐酸 1 mL，（3）盐酸羟胺溶液 1 mL，加热煮沸至体积减少到 15 mL 左右，若仍有沉淀应过滤除去。冷却至室温，定量转移至 50 mL 具塞比色管中，同时作空白校正。

亚铁水样：取适量按要求进行采样及保存处理的水样，同时作空白校正。

↓

（校准曲线样品、可过滤铁样品及总铁水样）加一小片刚果红试纸，滴加饱和乙酸钠溶液（8）至试纸刚刚变红，加入 5 mL（4）缓冲溶液、（5）邻菲啰啉溶液 2 mL，加水至标线，摇匀。

（亚铁水样）加入 5 mL（4）缓冲溶液、（5）邻菲啰啉溶液 2 mL，加水至标线，摇匀。

↓

显色 15 min 后，用 10 mm 比色皿，以水作参比，在 510 nm 处测量吸光度。

↓

计算绘制标准曲线，计算水样铁的浓度：

$$C=\frac{m}{V}$$

式中：C——水样中铁的质量浓度，μg/mL；

m——根据校准曲线计算出的水样中铁的含量，μg；

V——取样体积，mL。

13.2.4 质量控制和保证

①若水样含铁量较高，可适当稀释；浓度低时可换用 30 mm 或 50 mm 的比色皿。

②各批试剂的铁含量如不同，每新配一次试剂（6）和（7），都需重新绘制校准曲线。

③总铁测定时，加（2）（1+3）盐酸 1 mL，1 mL（3）盐酸羟胺溶液，需加热煮沸至体积减少到 15 mL 左右，以保证全部铁的溶解和还原。

④玻璃仪器及采样容器使用前需按照以下洗涤程序进行清洗：洗涤剂清洗 1 次，自来水清洗 2 次，（1+3）硝酸荡洗 1 次，自来水清洗 3 次，去离子水清洗 1 次。

13.3 数据记录与处理

①吸收池配套性检查。

比色皿的校正值：A_1 0.000 ；A_2______；A_3______；A_4______。

所选比色皿为：__________。

②标准曲线的绘制，原始数据记录在表 13-3 中。

测量波长：__________；标准溶液原始浓度：__________。

③水质样品的测定，原始数据记录在表 13-4 中。

表 13-3 标准系列数据记录表

溶液号	吸取标准溶液体积/mL	质量/μg	A	$A_{校正}$
0				
1				
2				
3				
4				
5				
6				
7				
回归方程：				
相关系数：				

表 13-4 水质样品数据记录表

平行测定次数	1	2	3
吸光度（A）			
空白值（A_0）			
校正吸光度（$A_{校正}$）			
回归方程计算所得质量/μg			
原始试液浓度/（μg/mL）			
样品铁的测定结果/（mg/L）			
R_d/%			

分析人： 校对人： 审核人：

标准曲线绘制图：

13.4 出具报告

封面：

检 测 报 告 书

样品名称____________________

被检单位____________________

检测单位____________________

报告日期　　年　月　日

首页及正文：

________分析测试中心

字（20　年）第　号

共　页，第　页

样品名称____________________　检测类别__委托__

被检单位____________________　样品编号________

样品类别________　包装情况________　收样日期________

采样日期________　采样地点________________

样品性状____________　样品数量________　检测日期________

检测项目________________________________

____

检测结果及评价依据：

测定值：________________　评价依据：________________

结论及评价：

结论：________________　评价：________________

检测环境条件：______　温度：______　相对湿度：______　气压：______

主要检测仪器设备：

名称：____________　编号：____________　型号：____________

名称：____________　编号：____________　型号：____________

名称：____________　编号：____________　型号：____________

报告编制：　　复核：　　签发：

盖　章

年　月　日

13.5 实训评价

13.5.1 操作规范评分表

操作规范评分表见表13-5。

表 13-5 操作规范评分表

序号	考核点	配分	评分标准	扣分	得分
一	仪器准备	4			
1	玻璃仪器洗涤	2	①未用蒸馏水清洗2遍以上，扣1分； ②玻璃仪器出现挂水珠现象，扣1分		
2	分光光度计预热20 min	2	①仪器未进行预热或预热时间不够，扣1分； ②未切断光路预热，扣1分		
二	标准溶液的配制	16			
1	溶液配制过程中有关的实验操作	11	①未进行容量瓶试漏检查，扣0.5分； ②容量瓶、比色管加蒸馏水时未沿器壁流下或产生大量气泡，扣0.5分； ③蒸馏水瓶管尖接触容器，扣0.5分； ④加水至容量瓶约3/4体积时没有平摇，扣0.5分； ⑤容量瓶、比色管加水至近标线等待1 min，没有等待的，扣0.5分； ⑥容量瓶、比色管逐滴加入蒸馏水至标线操作不当或定容不准确，扣0.5分； ⑦持瓶方式不正确，扣0.5分； ⑧容量瓶、比色管未充分混匀或中间未开塞，扣0.5分； ⑨溶液使用前没有盖塞充分摇匀，扣0.5分； ⑩润洗方法不正确，扣0.5分； ⑪将移液管中过多的贮备液放回贮备液瓶中，扣0.5分； ⑫移液管管尖触底，扣0.5分； ⑬移液管出现吸空现象，扣1分； ⑭移液管移取标准贮备液、标准工作液、水样原液及水样稀释液前未处理管尖溶液，扣0.5分； ⑮移取标准贮备液、标准工作液及水样原液时未另用一烧杯调节液面，扣0.5分； ⑯移液管移取标准贮备液、标准工作液、水样原液及水样稀释液时，调节液面前未处理管尖部，扣0.5分； ⑰移液管未能一次调节至刻度，扣1分； ⑱移液管放液不规范，扣1分； ⑲取完试剂后未及时盖上试剂瓶盖，扣0.5分		
2	标准系列的配制	4	①贮备液未稀释，扣1分； ②直接在贮备液或工作液中进行相关操作，扣1分； ③标准工作液未贴标签或标签内容不全（包括名称、浓度、日期、配制者），扣1分； ④每个点移取的标准溶液应从零分度开始，出现不正确项1次扣0.5分，但不超过该项总分4分（工作液可放回剩余溶液的烧杯中再取液，辅助试剂可在移液管吸干后在原试剂中进行相关操作）		

序号	考核点	配分	评分标准	扣分	得分
3	水样稀释液的配制	1	直接在水样原液中进行相关操作，扣 1 分（水样稀释液在移液管吸干后可在容量瓶中进行相关操作）		
三	分光光度计使用	15			
1	测定前的准备	2	①没有进行比色皿配套性选择或选择不当，扣 1 分； ②不能正确在 T 挡调“100%”和“0”，扣 1 分		
2	测定操作	7	①手触及比色皿透光面，扣 0.5 分； ②比色皿润洗方法不正确（须含蒸馏水洗涤、待装液润洗），扣 0.5 分； ③比色皿润洗操作不正确，扣 0.5 分； ④加入溶液高度不正确，扣 1 分； ⑤比色皿外壁溶液处理不正确，扣 1 分； ⑥比色皿盒拉杆操作不当，扣 0.5 分； ⑦重新取液测定，每出现一次扣 1 分，但不超过 4 分； ⑧不正确使用参比溶液，扣 1 分		
3	测定过程中仪器被溶液污染	2	①比色皿放在仪器表面，扣 1 分； ②比色室被洒落溶液污染，扣 0.5 分； ③比色室未及时清理干净，扣 0.5 分		
4	测定后的处理	4	①台面不清洁，扣 0.5 分； ②未取出比色皿及未洗涤，扣 1 分； ③没有倒尽控干比色皿，扣 0.5 分； ④测定结束，未做使用记录登记，扣 1 分； ⑤未关闭仪器电源，扣 1 分		
四	实验数据处理	12			
1	标准曲线取点		标准曲线取点不得少于 7 个（包含试剂空白点），否则标准曲线无效		
2	正确绘制标准曲线	5	①标准曲线坐标选取错误或比例不合理（含曲线斜率不当），扣 1 分； ②测量数据及回归方程计算结果未标在曲线中，扣 1 分； ③缺少曲线名称、坐标、箭头、符号、单位量、回归方程及数据有效数字位数不对，每项扣 0.5 分，但不超过 3 分		
3	试液吸光度处于要求范围内	2	水样取用量不合理致使吸光度超出要求范围或在 0 号与 1 号管测点范围内，扣 2 分		
4	原始记录	3	数据未直接填在报告单上、数据不全、有效数字位数不对、有空项，原始记录中缺少计量单位、数据更改每项扣 0.5 分，可累计扣分，但不超过该项总分 3 分		
5	有效数字运算	2	①回归方程未保留小数点后 4 位数字，扣 0.5 分； ② γ 未保留小数点后 4 位数字，扣 0.5 分； ③测量结果未保留到小数点后 2 位数字，扣 1 分		
五	文明操作	18			
1	实验室整洁	4	实验过程中台面、地面脏乱，废液处置不当，一次性扣 4 分		
2	清洗仪器、试剂等	4	实验结束后未先清洗仪器或试剂物品未归位就完成报告，		

序号	考核点	配分	评分标准	扣分	得分
	物品归位		一次性扣 4 分		
3	仪器损坏	6	仪器损坏，一次性扣 6 分		
4	试剂用量	4	每名学生均备有 2 倍用量的试剂，若还需添加，则一次性扣 4 分		
六	测定结果	35			
1	回归方程的计算	5	没有算出或计算错误回归方程的，扣 5 分		
2	标准曲线线性	10	①$\gamma \geqslant 0.9999$，不扣分； ②$0.9990 \leqslant \gamma \leqslant 0.9998$，扣 1～9 分； ③$\gamma < 0.9990$，扣 10 分； ④$\gamma$ 计算错误或未计算先扣 3 分，再按相关标准扣分，但不超过 10 分		
3	测定结果精密度	10	①$\lvert R_d \rvert \leqslant 0.5\%$，不扣分； ②$0.5\% < \lvert R_d \rvert \leqslant 1.4\%$，扣 1～9 分； ③$\lvert R_d \rvert > 1.4\%$，扣 10 分； ④精密度计算错误或未计算扣 10 分； ⑤水样原液未做平行样 3 份，一次性扣 10 分（可为负分）		
4	测定结果准确度	10	①测定值在保证值±0.5%内，不扣分； ②测定值在保证值±（0.6%～1.8%），扣 1～9 分； ③测定值不在保证值±1.8%内，扣 10 分		
	最终合计	100			

13.5.2 实训总体评价

实训总体评价见表 13-6。

表 13-6 实训总体评价

序号	项目内容	权重/%	自评分（50%）	小组评分（50%）	综合分
职业素养	纪律	5			
	团队精神	5			
	职业综合能力	10			
职业技能	实训准备	5			
	操作规范	50			
	数据处理	20			
	报告编制	5			
综合得分					
请根据以上打分情况，对本实训当中的工作和学习状态进行总体评述，分析自己的不足之处，描述今后的改进措施。					
教师评价：					

项目 14　化学需氧量的测定——重铬酸盐法

实训目标

- **能力（技能）目标**

①掌握重铬酸盐法测定化学需氧量的步骤。

②掌握酸式滴定管的滴定方法。

③掌握回流装置的安装操作。

- **认知（知识）目标**

①掌握化学需氧量的基础知识。

②掌握重铬酸盐法测定化学需氧量的实验原理。

③能够计算水样的化学需氧量。

- **其他（素质）目标**

①培养良好的职业道德、工作态度和责任感。

②培养良好的计划组织能力。

③培养良好的团队协作精神。

④遵守实验室安全操作规定。

⑤遵守环境保护规定。

能力训练任务

①阅读样品检测委托协议。

②样品的采集和保存。

③溶液的标定。

④样品的测定。

⑤数据的计算与处理。

⑥报告编制。

项目 14
讲解与示范

14.1 接受任务

填写委托检测协议（表 14-1）。

表 14-1 委托检测协议

委托单位信息	名称：				
	地址：				
	联系人：			联系电话：	
	传真：			电子邮箱：	
受理单位信息	名称：				
	地址：				
	联系人：			联系电话：	
	传真：			电子邮箱：	
委托内容	检测项目： 检测参数/方法：				
	检测依据	□由委托单位指定检测方法 □由受理单位选定合适的检测方法			
来样形式	□受理单位采样　□委托单位自采				
委托样品	□水样　□泥样　□固体样品　□气体样品				
样品数量		采样容器		样品量	
样品状态	□浊　□较浊　□较清洁　□清洁 □黑色　□灰色　□其他颜色				
样品存放条件	□室温　□避光　□冷藏（4℃）		样品处置	□退回　□自由处置	
是否比对	□否 □是（比对项目：__________ 指定比对方：__________）				
检测期限	□标准（7 个工作日内）　□委托单位指定：________　□其他：________				
报告发送	□自取　□快递到付　□快递已付　□传真/邮件				
	报告邮寄地址：				
付款方式	□无预付款　□有预付款（预付：________）　□定期结算　□其他：________				
备　注					
委托方签字：　日期：			受理方签字：　日期：		

14.2 实施检测

14.2.1 预备知识

化学需氧量（COD）是在一定的条件下，采用一定的强氧化剂处理水样时，所消耗的氧化剂量。它是表示水中还原性物质多少的一个指标。水中的还原性物质有各种有机物、亚硝酸盐、硫化物、亚铁盐等，但主要是有机物。因此，化学需氧量（COD）又往往被作为衡量水中有机物质含量的指标。

化学需氧量高意味着水中含有大量还原性物质，其中主要是有机污染物。化学需氧量越高，就表示水中的有机物污染越严重，这些有机物污染的来源可能是农药、有机肥料等。如果不进行处理，许多有机污染物可在河底被底泥吸附而沉积下来，在今后若干年内对水生生物造成持久的毒害作用。在水生生物大量死亡后，水中的生态系统即被摧毁。人若以水中的生物为食，则会大量摄入这些生物体内的毒素，积累在体内，这些毒物常有致癌、致畸形、致突变的作用，对人体极其危险。另外，若以受污染的水进行灌溉，则植物、农作物也会受到影响，容易生长不良，而且人也不能取食这些作物。但化学需氧量高不一定就意味着有前述危害，具体判断要做详细分析（如分析有机物的种类），对水质和生态有何影响，是否对人体有害等。如果不能进行详细分析，也可间隔几天对水样再做化学需氧量测定，如果对比前值下降很多，说明水中含有的还原性物质主要是易降解的有机物，对人体和生物危害相对较轻。

重铬酸盐法测定化学需氧量的原理是水样中加入已知量的重铬酸钾溶液，并在强酸介质下以银盐作催化剂，经沸腾回流后，以试亚铁灵为指示剂，用硫酸亚铁铵滴定水样中未被还原的重铬酸钾，由消耗的硫酸亚铁铵的量换算成消耗氧的质量浓度。

14.2.2 实训准备

实训准备见表 14-2。

表 14-2 实训准备

<table>
<tr><th>准备事宜</th><th>序号</th><th>名 称</th><th>方 法</th></tr>
<tr><td>样品的采集和保存</td><td colspan="3">①采样：水样要采集于玻璃瓶中，应尽快分析。如不能立即分析时，应加入硫酸至 pH<2，置于 4℃下保存。但保存时间不多于 5 d。采集水样的体积不得少于 100 mL。
②试料的准备：将水样充分摇匀，取出 20.0 mL 作为试料</td></tr>
<tr><td rowspan="5">实训试剂</td><td>(1)</td><td>硫酸银（Ag_2SO_4）</td><td>化学纯</td></tr>
<tr><td>(2)</td><td>硫酸汞（$HgSO_4$）</td><td>化学纯</td></tr>
<tr><td>(3)</td><td>硫酸（H_2SO_4）
（ρ=1.84 g/mL）</td><td>化学纯</td></tr>
<tr><td>(4)</td><td>硫酸银-硫酸试剂</td><td>向 1 L 硫酸中加入 10 g 硫酸银，放置 1～2 d 使之溶解，并混匀，使用前小心摇动</td></tr>
<tr><td>(5)</td><td>重铬酸钾标准溶液
[$c(1/6K_2Cr_2O_7)=0.250$ mol/L]</td><td>将 12.258 g 在 105℃干燥 2 h 后的重铬酸钾溶于水中，稀释至 1 000 mL</td></tr>
</table>

准备事宜	序号	名　称	方　法
实训试剂	（6）	重铬酸钾标准溶液［c（$1/6K_2Cr_2O_7$）= 0.025 0 mol/L］	将（5）重铬酸钾标准溶液稀释 10 倍
	（7）	硫酸亚铁铵标准滴定溶液（$c[(NH_4)_2Fe(SO_4)_2 \cdot 6H_2O] \approx$ 0.10 mol/L）	溶解 39 g 硫酸亚铁铵［$(NH_4)_2Fe(SO_4)_2 \cdot 6H_2O$］于水中，加入 20 mL 硫酸，待其溶液冷却后稀释至 1 000 mL。 每日临用前，必须用（5）重铬酸钾标准溶液准确标定溶液的浓度。 取 10.00 mL（5）重铬酸钾标准溶液置于锥形瓶中，用水稀释至约 100 mL，加入 30 mL（3）硫酸，混匀，冷却后，加入 3 滴（约 0.15 mL）试亚铁灵指示剂，用（7）硫酸亚铁铵标准滴定溶液（0.10 mol/L）滴定，溶液的颜色由黄色经蓝绿色变为红褐色，即为终点。记录下硫酸亚铁铵的消耗量（mL）。 硫酸亚铁铵标准滴定溶液浓度的计算： $c = (0.250 \times 10.00) / V$ 式中：V——滴定时消耗硫酸亚铁铵溶液的体积，mL
	（8）	硫酸亚铁铵标准滴定溶液（$c[(NH_4)_2Fe(SO_4)_2 \cdot 6H_2O] \approx$ 0.010 mol/L）	将（7）硫酸亚铁铵标准滴定溶液稀释 10 倍，用（6）重铬酸钾标准溶液标定，其滴定步骤及浓度计算分别与（7）类似
	（9）	邻苯二甲酸氢钾标准溶液，［$c(KC_6H_5O_4)$=2.082 4 mol/L］	称取在 105℃烘干 2 h 的邻苯二甲酸氢钾（$KC_6H_5O_4$）0.425 1 g 溶于水，并稀释至 1 000 mL，混匀。 以重铬酸钾为氧化剂，将邻苯二甲氢钾完全氧化的 COD 值为 1.176 gO/g（指 1 g 邻苯二甲酸氢钾耗氧 1.176 g）故该标准溶液的理论 COD 值为 500 mg/L
	（10）	1,10-菲绕啉指示剂溶液	溶解 0.7 g 七水合硫酸亚铁（$FeSO_4 \cdot 7H_2O$）于 50 mL 的水中，加入 1.5 g 1,10-菲绕啉，搅动至溶解，加水稀释至 100 mL

14.2.3 分析检测

取试料于锥形瓶中，或取适量试料加水至 20.0 mL。

空白实验：按相同步骤以 20.0 mL 水代替试料进行空白实验。

↓

加入 10.0 mL（5）重铬酸钾标准溶液和几颗防爆沸玻璃珠，摇匀。

↓

将锥形瓶接到回流装置冷凝管下端，接通冷凝水。从冷凝管上端缓慢加入 30 mL（4）硫酸银-硫酸试剂，以防止低沸点有机物的溢出，不断旋动锥形瓶使之混合均匀。自溶液开始沸腾起回流 2 h。

↓

冷却后，用 20～30 mL 水自冷凝管上端冲洗冷凝管后，取下锥形瓶，再用水稀释至 140 mL 左右。

↓

溶液冷却至室温后，加入 3 滴（10）1,10-菲绕啉指示剂溶液，用（7）硫酸亚铁铵标准滴定溶液滴定，溶液的颜色由黄色经蓝绿色变为红褐色即为终点。记下硫酸亚铁铵标准滴定溶液的消耗体积 V_2。

↓

$$\text{COD（mg/L）}=\frac{C(V_1-V_2)\times 8\times 1\,000}{V_0}$$

式中：C——硫酸亚铁铵标准滴定溶液的浓度，mo1/L；

V_1——空白实验所消耗的硫酸亚铁铵标准滴定溶液的体积，mL；

V_2——试料测定所消耗的硫酸亚铁铵标准滴定溶液的体积，mL；

V_0——试料的体积，mL；

8——1/4 O_2 的摩尔质量，g/mol。

14.2.4 质量控制和保证

①对于 COD 小于 50 mg/L 的水样，应采用（6）低浓度的重铬酸钾标准溶液氧化，加热回流以后，采用（8）低浓度的硫酸亚铁铵标准溶液回滴。

②该方法对未经稀释的水样其测定上限为 700 mg/L，超过此限时必须经稀释后测定。

③对于污染严重的水样，可选取所需体积 1/10 的试料和 1/10 的试剂，放入 10 mm×150 mm 硬质玻璃管中，摇匀后，用酒精灯加热至沸数分钟，观察溶液是否变成蓝绿色。如呈蓝绿色，应再适当少取试料，重复以上实验，直至溶液不变蓝绿色为止。从而确定待测水样适当的稀释倍数。

④在特殊情况下，需要测定的试料体积在 10.0～50.0 mL，试剂的体积或质量、浓度要按表 14-3 作相应的调整。

表 14-3　不同取样量和试剂用量

样品量/mL	0.250 0 mol/L $K_2Cr_2O_7$/mL	Ag_2SO_4-H_2SO_4/mL	$HgSO_4$/g	$[(NH_4)_2Fe(SO_4)_2 \cdot 6H_2O]$/（mol/L）	滴定前体积/mL
10.0	5.0	15	0.2	0.05	70
20.0	10.0	30	0.4	0.10	140
30.0	15.0	45	0.6	0.15	210
40.0	20.0	60	0.8	0.20	200
50.0	25.0	75	1.0	0.25	350

14.3　数据记录与处理

①硫酸亚铁铵溶液的标定，原始数据记录在表 14-4 中。

②样品的测定，原始数据记录在表 14-5 中。

表 14-4　硫酸亚铁铵溶液标定数据记录表

序号	硫酸亚铁铵溶液用量/mL	硫酸亚铁铵溶液的浓度/（mol/L）	硫酸亚铁铵溶液的浓度均值/（mol/L）
1			
2			
3			

表 14-5　水质样品数据记录表

序号	取样量/mL	稀释倍数/倍	测定空白消耗的硫酸亚铁铵溶液用量/mL	滴定水样时消耗的硫酸亚铁铵溶液用量/mL	样品 COD 浓度/（mg/L）	样品 COD 平均浓度/（mg/L）
1						
2						
3						

分析人：　　　　　　　　　　校对人：　　　　　　　　　　审核人：

14.4 出具报告

封面：

检 测 报 告 书

样品名称________________________

被检单位________________________

检测单位________________________

报告日期　　年　月　日

首页及正文：

__________分析测试中心

字（20　年）第　号

共　页，第　页

样品名称____________________________　检测类别____委托____

被检单位____________________________　样品编号__________

样品类别__________　包装情况____________　收样日期__________

采样日期__________　采样地点______________________________

样品性状______________________　样品数量________　检测日期__________

检测项目____

____

检测结果及评价依据：

测定值：______________________　评价依据：______________________

结论及评价：

结论：______________________　评价：______________________

检测环境条件：________　温度：________　相对湿度：________　气压：________

主要检测仪器设备：

名称：______________　编号：______________　型号：______________

名称：______________　编号：______________　型号：______________

名称：______________　编号：______________　型号：______________

报告编制：　复核：　签发：

盖　章

年　月　日

14.5 实训评价

14.5.1 操作规范评分表

操作规范评分表见表14-6。

表14-6 操作规范评分表

序号	考核点	配分	评分标准	扣分	得分	考评员
一	称量	14				
1	分析天平称量前准备	1.5	①未检查天平水平，扣0.5分； ②托盘未清扫，扣1分			
2	分析天平称量操作	10	①干燥器盖子放置不正确，扣1分； ②手直接接触被称物容器或被称物容器放在台面上，扣1分； ③称量瓶放置不当，扣1分； ④倾出试样不合要求，扣1分； ⑤规定量±5%内，不扣分； ⑥5%＜规定量≤10%，−10%＜规定量≤−5%，每份扣1分； ⑦超出规定量±10%，每份扣2分； ⑧试样洒落，扣1分； ⑨开关天平门操作不当，扣1分； ⑩读数及记录不正确，扣1分			
3	称量后处理	2.5	①天平门未关，扣0.5分； ②天平内外不清洁，扣0.5分； ③未检查零点，扣0.5分； ④凳子未归位，扣0.5； ⑤未做使用记录登记，扣0.5分			
二	标准滴定溶液的配制和标定	21				
1	玻璃仪器洗涤	1	洗涤不正确，扣1分			
2	转移溶液	3	①没有进行容量瓶试漏检查，扣0.5分； ②烧杯没有沿玻璃棒向上提起，扣0.5分； ③玻璃棒放回烧杯操作不正确，扣1分； ④吹洗转移重复3次以上，否则扣1分			
3	移液管润洗	1	①润洗溶液过多，扣0.5分； ②润洗方法不正确，扣0.5分			
4	移取溶液	3	①移液管插入溶液前或调节液面前未用纸擦拭管尖部，出现一次扣1分，扣分可累加； ②移液管插入液面下1 cm左右，不正确的，扣1分； ③将溶液吸入吸耳球内，扣1分			

序号	考核点	配分	评分标准	扣分	得分	考评员
5	定容操作	5	①加水至容量瓶约 3/4 体积时没有平摇，扣 1 分； ②加水至近标线约 1 cm 处等待 1 min，没有等待的，扣 1 分； ③逐滴加入蒸馏水至标线操作不当，扣 1 分； ④未充分混匀、中间未开塞，扣 1 分； ⑤持瓶方式不正确，扣 1 分			
6	滴定操作	5	①滴定管未进行试漏或时间不足 1 min（总时间），扣 0.5 分； ②润洗方法不正确，扣 1 分； ③滴定前管尖残液未除去，每出现一次扣 0.5 分，可累计扣分； ④未双手配合或控制旋塞不正确，扣 0.5 分； ⑤操作不当造成漏液，扣 0.5 分； ⑥终点控制不准（非半滴到达、颜色不正确），每出现一次扣 0.5 分，可累计扣分； ⑦读数不正确，每出现一次扣 0.5 分； ⑧原始数据未及时记录在报告单上，每出现一次扣 1 分			
7	原始记录	3	①数据未直接填在报告单上，每出现一次扣 1 分； ②数据不全、有空项、字迹不工整，每出现一次扣 0.5 分			
三	定量测定	16				
1	取试样	1	量器皿选择不正确，扣 1 分			
2	测定过程	4	回流装置操作不正确，扣 4 分			
3	滴定操作	5	①滴定前管尖残液未除去，每出现一次扣 0.5 分； ②未双手配合或控制旋塞不正确，扣 0.5 分； ③操作不当造成漏液，扣 0.5 分； ④终点控制不准（非半滴到达、颜色不正确），每出现一次扣 1 分； ⑤溶液使用前没有摇匀的，扣 1 分； ⑥读数不正确，每出现一次扣 0.5 分； ⑦原始数据未及时记录在报告单上，每出现一次扣 1 分			
4	原始记录	3	①数据未直接填在报告单上，每出现一次扣 1 分； ②数据不全、有空项、字迹不工整，每出现一次扣 0.5 分，即可累加扣分			
5	有效数字运算	3	有效数字运算不规范，一次性扣 3 分			
四	文明操作	4				
1	实验室整洁	1	实验过程中台面、地面脏乱，一次性扣 1 分			
2	实验结束清洗仪器、试剂物品归位	2	实验结束后未先清洗仪器或试剂物品未归位就完成报告，一次性扣 2 分			
3	仪器损坏	1	损坏仪器，每出现一次扣 1 分			

序号	考核点	配分	评分标准	扣分	得分	考评员
五	数据处理及报告	45				
1	标定结果精密度	10	①|极差/平均值|≤0.15%，不扣分； ②0.15%<|极差/平均值|≤0.25%，扣2.5分； ③0.25%<|极差/平均值|≤0.35%，扣5分； ④0.35%<|极差/平均值|≤0.45%，扣7.5分； ⑤|极差/平均值|>0.45%，扣10分			
2	标定结果准确度	10	①标定结果在保证值±1 s内，不扣分； ②标定结果在保证值±2 s内，扣3分； ③标定结果在保证值±3 s内，扣6分； ④标定结果在保证值±3 s外，扣10分			
3	测定结果精密度	15	①|极差/平均值|≤3%，不扣分； ②3%<|极差/平均值|≤5%，扣3分； ③5%<|极差/平均值|≤7.5%，扣7分； ④7.5%<|极差/平均值|≤10%，扣11分； ⑤|极差/平均值|>10%，扣15分			
4	测定结果准确度	10	①测定值在保证值±1 s内，不扣分； ②测定值在保证值±2 s内，扣3分； ③测定值在保证值±3 s内，扣7分； ④测定值在保证值±3 s外，扣10分			
最终合计		100				

14.5.2 实训总体评价

实训总体评价见表 14-7。

表 14-7 实训总体评价

序号	项目内容	权重/%	自评分（50%）	小组评分（50%）	综合分
职业素养	纪律	5			
	团队精神	5			
	职业综合能力	10			
职业技能	实训准备	5			
	操作规范	50			
	数据处理	20			
	报告编制	5			
综合得分					
请根据以上打分情况，对本实训当中的工作和学习状态进行总体评述，分析自己的不足之处，描述今后的改进措施。					
教师评价：					

项目 15 高锰酸盐指数的测定

实训目标

- **能力（技能）目标**

  ①掌握高锰酸盐指数的测定步骤。

  ②掌握酸式滴定管的滴定方法。

- **认知（知识）目标**

  ①掌握高锰酸盐指数的基础知识。

  ②掌握氧化-还原滴定法测定水中高锰酸盐指数的实验原理。

  ③能够计算水样的高锰酸盐指数。

- **其他（素质）目标**

  ①培养良好的职业道德、工作态度和责任感。

  ②培养良好的计划组织能力。

  ③培养良好的团队协作精神。

  ④遵守实验室安全操作规定。

  ⑤遵守环境保护规定。

能力训练任务

①阅读样品检测委托协议。

②样品的采集和保存。

③高锰酸钾溶液的配制。

④草酸钠溶液的配制。

⑤样品的测定。

⑥数据的计算与处理。

⑦报告编制。

项目 15
讲解与示范

15.1 接受任务

填写委托检测协议（表 15-1）。

表 15-1 委托检测协议

<table>
<tr><td rowspan="4">委托单位信息</td><td colspan="5">名称：</td></tr>
<tr><td colspan="5">地址：</td></tr>
<tr><td colspan="3">联系人：</td><td colspan="2">联系电话：</td></tr>
<tr><td colspan="3">传真：</td><td colspan="2">电子邮箱：</td></tr>
<tr><td rowspan="4">受理单位信息</td><td colspan="5">名称：</td></tr>
<tr><td colspan="5">地址：</td></tr>
<tr><td colspan="3">联系人：</td><td colspan="2">联系电话：</td></tr>
<tr><td colspan="3">传真：</td><td colspan="2">电子邮箱：</td></tr>
<tr><td rowspan="2">委托内容</td><td colspan="5">检测项目：
检测参数/方法：</td></tr>
<tr><td>检测依据</td><td colspan="4">□由委托单位指定检测方法
□由受理单位选定合适的检测方法</td></tr>
<tr><td>来样形式</td><td colspan="5">□受理单位采样　□委托单位自采</td></tr>
<tr><td>委托样品</td><td colspan="5">□水样　□泥样　□固体样品　□气体样品</td></tr>
<tr><td>样品数量</td><td></td><td>采样容器</td><td></td><td>样品量</td><td></td></tr>
<tr><td>样品状态</td><td colspan="5">□浊　□较浊　□较清洁　□清洁
□黑色　□灰色　□其他颜色</td></tr>
<tr><td>样品存放条件</td><td colspan="2">□室温　□避光　□冷藏（4℃）</td><td>样品处置</td><td colspan="2">□退回　□自由处置</td></tr>
<tr><td>是否比对</td><td colspan="5">□否
□是（比对项目：________________ 指定比对方：________________）</td></tr>
<tr><td>检测期限</td><td colspan="5">□标准（7 个工作日内）　□委托单位指定：____________　□其他：____________</td></tr>
<tr><td rowspan="2">报告发送</td><td colspan="5">□自取　□快递到付　□快递已付　□传真/邮件</td></tr>
<tr><td colspan="5">报告邮寄地址：</td></tr>
<tr><td>付款方式</td><td colspan="5">□无预付款　□有预付款（预付：__________）　□定期结算　□其他：__________</td></tr>
<tr><td>备 注</td><td colspan="5"></td></tr>
<tr><td colspan="3">委托方签字：　　日期：</td><td colspan="3">受理方签字：　　日期：</td></tr>
</table>

15.2 实施检测

15.2.1 预备知识

高锰酸盐指数是反映水体中有机及无机可氧化物质污染的常用指标。定义为在一定条件下，用高锰酸钾氧化水样中的某些有机物及无机还原性物质，由消耗的高锰酸钾量计算相当的氧量。

高锰酸盐指数不能作为理论需氧量或总有机物含量的指标，因为在规定的条件下，许多有机物只能部分被氧化，易挥发的有机物也不包含在测定值之内。

样品中加入已知量的高锰酸钾和硫酸，在沸水浴中加热 30 min，高锰酸钾将样品中的某些有机物和无机还原性物质氧化，反应后加入过量的草酸钠还原剩余的高锰酸钾，再用高锰酸钾标准溶液回滴过量的草酸钠。通过计算得到样品的高锰酸盐指数。

15.2.2 实训准备

实训准备见表 15-2。

表 15-2 实训准备

准备事宜	序号	名 称	方 法
样品的采集和保存	采样后要加入（2）硫酸，使样品 pH 为 1～2 并尽快分析。如保存时间超过 6 h，则需置于暗处，0～5℃下保存，不得超过 2 d		
实训试剂	（1）	不含还原性物质的水	将 1 L 蒸馏水置于全玻璃蒸馏器中，加入 10 mL（2）硫酸和少量（8）高锰酸钾标准溶液，蒸馏，弃去 100 mL 初馏液，余下馏出液贮于具玻璃塞的细口瓶中
	（2）	硫酸（ρ=1.84 g/mL）	分析纯
	（3）	（1+3）硫酸溶液	在不断搅拌下，将 100 mL（2）硫酸缓慢地加到 300 mL 水中。趁热加入数滴（8）高锰酸钾标准溶液直至溶液出现粉红色
	（4）	氢氧化钠溶液（c=500 g/L）	称取 50 g 氢氧化钠溶于水并稀释至 100 mL
	（5）	草酸钠标准贮备液 [$c(1/2Na_2C_2O_4)$= 0.100 0 mol/L]	称取 0.670 5 g 经 120℃烘干 2 h 并放冷的草酸钠（$Na_2C_2O_4$）溶解水中，移入 100 mL 容量瓶中，用水稀释至标线，混匀，置于 4℃保存
	（6）	草酸钠标准溶液 [$c_1(1/2Na_2C_2O_4)$ = 0.010 0 mol/L]	吸取 10.00 mL（5）草酸钠标准贮备液于 100 mL 容量瓶中，用水稀释至标线，混匀
	（7）	高锰酸钾标准贮备液 [c_2（$1/5KMnO_4$）= 0.1 mol/L]	称取 3.2 g 高锰酸钾溶解于水并稀释至 1 000 mL。于 90～95℃水浴中加热该溶液 2 h，冷却。存放 2 d 后，倾出上清液，贮于棕色瓶中
	（8）	高锰酸钾标准溶液 [c_3（$1/5KMnO_4$）=0.01 mol/L]	吸取 100 mL（7）高锰酸钾标准贮备液于 1 000 mL 容量瓶中，用水稀释至标线，混匀。此溶液在暗处可保存几个月，使用当天标定其浓度

15.2.3　分析检测

吸取 100.0 mL 经充分摇动、混合均匀的样品（或分取适量，用水稀释至 100 mL），置于 250 mL 锥形瓶中。

空白实验：按相同步骤以 100.0 mL 水代替试料进行空白实验。

↓

加入（5±0.5）mL（3）硫酸，用滴定管加入 10.00 mL（8）高锰酸钾标准溶液，摇匀。

↓

将锥形瓶置于沸水浴内（30±2）min（水浴沸腾，开始计时）。

↓

取出后用滴定管加入 10.00 mL（6）草酸钠标准溶液至溶液变为无色。

↓

趁热用（8）高锰酸钾标准溶液滴定至刚出现粉红色，并保持 30 s 不退。记录消耗的高锰酸钾溶液体积，滴定样品体积为 V_1，滴定空白体积为 V_0。

↓

向空白实验滴定后的溶液中加入 10.00 mL（6）草酸钠标准溶液。如果需要，将溶液加热至 80℃。用（8）高锰酸钾标准溶液继续滴定至刚出现粉红色，并保持 30 s 不褪色。记录消耗的（8）高锰酸钾标准溶液体积 V_2。

↓

高锰酸盐指数（I_{Mn}）以每升样品消耗毫克氧数来表示（O_2，mg/L），按下式计算。

$$I_{Mn}=\frac{\left[(10+V_1)\dfrac{10}{V_2}-10\right]\times C\times 8\times 1\,000}{100}$$

式中：V_1——样品滴定时，消耗高锰酸钾标准溶液体积，mL；

V_2——回滴空白时，所消耗高锰酸钾标准溶液体积，mL；

C——（6）草酸钠标准溶液的浓度，0.010 0 mol/L。

如样品经稀释后测定，按下式计算。

$$I_{Mn}=\frac{\left\{\left[(10+V_1)\dfrac{10}{V_2}-10\right]-\left[(10+V_0)\dfrac{10}{V_2}-10\right]\times f\right\}\times C\times 8\times 1\,000}{V_3}$$

式中：V_0——空白实验消耗高锰酸钾标准溶液的体积，mL；

V_3——所取样品的体积，mL；

f——稀释样品时，蒸馏水在 100 mL 测定用体积内所占比例［例如，10 mL 样品用水稀释至 100 mL，则 f=（100−10）/100=0.90］。

15.2.4 质量控制和保证

①沸水浴的水面要高于锥形瓶内的液面。

②样品量以加热氧化后残留的高锰酸钾为其加入量的1/3～1/2为宜。加热时，如溶液红色褪去，说明高锰酸钾量不够，须重新取样，经稀释后测定。

③滴定时温度若低于60℃，反应速度缓慢，因此应加热至80℃左右。

④沸水浴温度为98℃。如在高原地区，报出数据时，需注明水的沸点。

15.3 数据记录与处理

①高锰酸钾标准滴定溶液（0.1 mol/L）的标定，原始数据记录在表15-3中。

②高锰酸盐指数的测定，原始数据记录在表15-4中。

表15-3 高锰酸钾溶液标定数据记录表

序号				
$m_{倾样前}$/g				
$m_{倾样后}$/g				
$m_{草酸钠}$/g				
$V_{(KMnO_4)初}$/mL				
$V_{(KMnO_4)终}$/mL				
$V_{(KMnO_4)消耗}$/mL				
温度/℃				
$V_{(KMnO_4)温校}$/mL				
$V_{体校}$/mL				
$V_{(KMnO_4)实}$/mL				
$V_{空白}$/mL			空白平均值/mL =	
$c(1/5KMnO_4)$/（mol/L）				
$c(1/5KMnO_4)$平均/（mol/L）				
极差/平均值/%				

表 15-4 水质样品数据记录表

序号	1	2	3
$V_{取样量}$/mL			
$V_{（加入KMnO_4）}$/mL			
$V_{(KMnO_4)初}$/mL			
$V_{(KMnO_4)终}$/mL			
$V_{(KMnO_4)滴定消耗}$/mL			
$V_{(KMnO_4)消耗}$/mL			
温度/℃			
$V_{(KMnO_4)温校}$/mL			
$V_{(KMnO_4)体校}$/mL			
$V_{(KMnO_4)实}$/mL			
$V_{草酸钠}$/mL			
K 的测定			
$V_{草酸钠}$/mL			
$V_{(KMnO_4)初}$/mL			
$V_{(KMnO_4)终}$/mL			
$V_{(KMnO_4)温校}$/mL			
$V_{(KMnO_4)体校}$/mL			
$V_{(KMnO_4)实}$/mL			
K			
高锰酸盐指数/（O_2，mg/L）			
高锰酸盐指数平均值/（O_2，mg/L）			
极差/平均值/%			

分析人： 校对人： 审核人：

15.4 出具报告

封面：

检 测 报 告 书

样品名称______________________

被检单位______________________

检测单位______________________

报告日期　　年　月　日

首页及正文：

__________分析测试中心

字（20　年）第　号

共　页，第　页

样品名称______________________　检测类别　委托

被检单位______________________　样品编号__________

样品类别__________　包装情况__________　收样日期__________

采样日期__________　采样地点______________________

样品性状__________________　样品数量__________　检测日期__________

检测项目____

____

检测结果及评价依据：

测定值：__________________　评价依据：__________________

结论及评价：

结论：__________________　评价：__________________

检测环境条件：__________　温度：______　相对湿度：__________　气压：__________

主要检测仪器设备：

名称：__________　编号：__________　型号：__________

名称：__________　编号：__________　型号：__________

名称：__________　编号：__________　型号：__________

报告编制：　　　复核：　　　签发：

盖　章

年　月　日

15.5 实训评价

15.5.1 操作规范评分表

操作规范评分表见表 15-5。

表 15-5 操作规范评分表

序号	考核点	配分	评分标准	扣分	得分	考评员
一	称量	14				
1	分析天平称量前准备	1.5	①未检查天平水平，扣 0.5 分； ②托盘未清扫，扣 1 分			
2	分析天平称量操作（不允许重称）	10	①干燥器盖子放置不正确，扣 1 分； ②手直接接触被称物容器或被称物容器放在台面上，扣 1 分； ③称量瓶放置不当，扣 1 分； ④倾出试样不合要求，扣 1 分； ⑤规定量±5%内，不扣分； ⑥5%＜规定量≤10%，−10%＜规定量≤−5%，每份扣 1 分； ⑦超出规定量±10%，每份扣 2 分； ⑧试样洒落，扣 1 分； ⑨开关天平门操作不当，扣 1 分； ⑩读数及记录不正确，扣 1 分			
3	称量后处理	2.5	①天平门未关，扣 0.5 分； ②天平内外不清洁，扣 0.5 分； ③未检查零点，扣 0.5 分； ④凳子未归位，扣 0.5； ⑤未做使用记录登记，扣 0.5 分			
二	标准滴定溶液的配制和标定	21				
1	玻璃仪器洗涤	1	洗涤不正确，扣 1 分			
2	转移溶液	3	①没有进行容量瓶试漏检查，扣 0.5 分； ②烧杯没有沿玻璃棒向上提起，扣 0.5 分； ③玻璃棒放回烧杯操作不正确，扣 1 分； ④吹洗转移重复 3 次以上，否则扣 1 分			
3	移液管润洗	1	①润洗溶液过多，扣 0.5 分； ②润洗方法不正确，扣 0.5 分			
4	移取溶液	3	①移液管插入溶液前或调节液面前未用纸擦拭管尖部，出现一次扣 1 分，扣分可累加； ②移液管插入液面下 1 cm 左右，不正确的，扣 1 分； ③将溶液吸入吸耳球内，扣 1 分			

序号	考核点	配分	评分标准	扣分	得分	考评员
5	定容操作	5	①加水至容量瓶约 3/4 体积时没有平摇，扣 1 分； ②加水至近标线约 1 cm 处等待 1 min，没有等待的，扣 1 分； ③逐滴加入蒸馏水至标线操作不当，扣 1 分； ④未充分混匀、中间未开塞，扣 1 分； ⑤持瓶方式不正确，扣 1 分			
6	滴定操作	5	①滴定管未进行试漏或时间不足 1 min（总时间），扣 0.5 分； ②润洗方法不正确，扣 1 分； ③滴定前管尖残液未除去，每出现一次扣 0.5 分，可累计扣分； ④未双手配合或控制旋塞不正确，扣 0.5 分； ⑤操作不当造成漏液，扣 0.5 分； ⑥终点控制不准（非半滴到达、颜色不正确），每出现一次扣 0.5 分，可累计扣分； ⑦读数不正确，每出现一次扣 0.5 分； ⑧原始数据未及时记录在报告单上，每出现一次扣 1 分			
7	原始记录	3	①数据未直接填在报告单上，每出现一次扣 1 分； ②数据不全、有空项、字迹不工整，每出现一次扣 0.5 分			
三	定量测定	16				
1	取试样	1	量器皿选择不正确，扣 1 分			
2	测定过程	4	①加入 $KMnO_4$ 前，应将 $KMnO_4$ 摇匀，没有摇匀，扣 0.5 分； ②加入的 $KMnO_4$ 只能用滴定管加入，用移液管，扣 2 分； ③水浴温度不正确，扣 0.5 分； ④水浴水面低于试样，扣 0.5 分； ⑤加热时间不在规定范围内，扣 0.5 分			
3	滴定操作	5	①滴定前管尖残液未除去，每出现一次扣 0.5 分； ②未双手配合或控制旋塞不正确，扣 0.5 分； ③操作不当造成漏液，扣 0.5 分； ④终点控制不准（非半滴到达、颜色不正确），每出现一次扣 1 分； ⑤加入 $Na_2C_2O_4$ 前，没有摇匀 $Na_2C_2O_4$ 的，扣 1 分； ⑥读数不正确，每出现一次扣 0.5 分； ⑦原始数据未及时记录在报告单上，每出现一次扣 1 分			
4	原始记录	3	①数据未直接填在报告单上，每出现一次扣 1 分； ②数据不全、有空项、字迹不工整，请在扣分项上打“√”，每出现一次扣 0.5 分			
5	有效数字运算	3	有效数字运算不规范，一次性扣 3 分			

序号	考核点	配分	评分标准	扣分	得分	考评员
四	文明操作	4				
1	实验室整洁	1	实验过程中台面、地面脏乱，一次性扣 1 分			
2	实验结束清洗仪器、试剂物品归位	2	实验结束后未先清洗仪器或试剂物品未归位就完成报告，一次性扣 2 分			
3	仪器损坏	1	损坏仪器，每出现一次扣 1 分			
五	数据处理及报告	45				
1	标定结果精密度	10	①|极差/平均值|≤0.15%，不扣分； ②0.15%＜|极差/平均值|≤0.25%，扣 2.5 分； ③0.25%＜|极差/平均值|≤0.35%，扣 5 分； ④0.35%＜|极差/平均值|≤0.45%，扣 7.5 分； ⑤|极差/平均值|＞0.45%，扣 10 分			
2	标定结果准确度	10	①标定结果在保证值±1 s 内，不扣分； ②标定结果在保证值±2 s 内，扣 3 分； ③标定结果在保证值±3 s 内，扣 6 分； ④标定结果在保证值±3 s 外，扣 10 分			
3	测定结果精密度	15	①|极差/平均值|≤3%，不扣分； ②3%＜|极差/平均值|≤5%，扣 3 分； ③5%＜|极差/平均值|≤7.5%，扣 7 分； ④7.5%＜|极差/平均值|≤10%，扣 11 分； ⑤|极差/平均值|＞10%，扣 15 分			
4	测定结果准确度	10	①测定值在保证值±1 s 内，不扣分； ②测定值在保证值±2 s 内，扣 3 分； ③测定值在保证值±3 s 内，扣 7 分； ④测定值在保证值±3 s 外，扣 10 分			
最终合计		100				

15.5.2 实训总体评价

实训总体评价见表15-6。

表15-6 实训总体评价

序号	项目内容	权重/%	自评分（50%）	小组评分（50%）	综合分
职业素养	纪律	5			
	团队精神	5			
	职业综合能力	10			
职业技能	实训准备	5			
	操作规范	50			
	数据处理	20			
	报告编制	5			
综合得分					
请根据以上打分情况，对本实训当中的工作和学习状态进行总体评述，分析自己的不足之处，描述今后的改进措施。					
教师评价：					

项目 16　五日生化需氧量的测定——稀释与接种法

实训目标

- **能力（技能）目标**

①掌握恒温培养箱的操作使用。

②掌握稀释与接种法测定五日生化需氧量（BOD_5）的步骤。

③掌握本方法操作技能，如稀释水的制备、稀释倍数选择、溶解氧的测定等。

- **认知（知识）目标**

①了解生化需氧量的基础知识和测定的意义。

②掌握稀释与接种法测定五日生化需氧量（BOD_5）的实验原理。

- **其他（素质）目标**

①培养良好的职业道德、工作态度和责任感。

②培养良好的计划组织能力。

③培养良好的团队协作精神。

④遵守实验室安全操作规定。

⑤遵守环境保护规定。

能力训练任务

①阅读样品检测委托协议。

②样品的采集与保存。

③样品的前处理。

④稀释水和接种稀释水的制备。

⑤样品的测定。

⑥数据的计算与处理。

⑦报告编制。

项目 16
讲解与示范

16.1 接受任务

填写委托检测协议（表 16-1）。

表 16-1 委托检测协议

委托单位信息	名称：				
	地址：				
	联系人：			联系电话：	
	传真：			电子邮箱：	
受理单位信息	名称：				
	地址：				
	联系人：			联系电话：	
	传真：			电子邮箱：	
委托内容	检测项目： 检测参数/方法：				
	检测依据	□由委托单位指定检测方法 □由受理单位选定合适的检测方法			
来样形式	□受理单位采样　□委托单位自采				
委托样品	□水样　□泥样　□固体样品　□气体样品				
样品数量		采样容器		样品量	
样品状态	□浊　□较浊　□较清洁　□清洁 □黑色　□灰色　□其他颜色				
样品存放条件	□室温　□避光　□冷藏（4℃）		样品处置	□退回　□自由处置	
是否比对	□否 □是（比对项目：________ 指定比对方：________）				
检测期限	□标准（7 个工作日内）　□委托单位指定：________　□其他：________				
报告发送	□自取　□快递到付　□快递已付　□传真/邮件				
	报告邮寄地址：				
付款方式	□无预付款　□有预付款（预付：________）　□定期结算　□其他：________				
备　注					
委托方签字：　日期：			受理方签字：　日期：		

16.2 实施检测

16.2.1 预备知识

生活污水与工业废水中含有大量有机物。当其污染水域后，这些有机物在水体中分解时要消耗大量溶解氧，从而破坏水体中氧的平衡，使水质恶化，因缺氧造成鱼类及其他水生生物的死亡。这样的污染事故在我国时有发生。

水体中所含的有机物成分复杂，难以一一测定其成分。人们经常利用水中有机物在一定条件下所消耗的氧来间接表示水体中有机物的含量，生化需氧量即属于这类重要指标。

生化需氧量是反映水体被有机物污染程度的综合指标，但它并非反映有机物的含量，而是微生物分解有机物时消耗了多少氧。因其能相对表示微生物可分解的有机物量，所以，也是污水的可生化降解和生化处理效果研究以及生化处理污水工艺设计和动力学研究中的重要参数。

生化需氧量是指在规定的条件下，微生物分解水中的某些可氧化的物质，特别是分解有机物的生物化学过程消耗的溶解氧。通常情况下是指水样充满完全密封的溶解氧瓶，在（20±1）℃的暗处培养 5 d±4 h，分别测定培养前后水样中溶解氧的质量浓度，由培养前后溶解氧的质量浓度差，计算每升样品消耗的溶解氧量，以 BOD_5 形式表示。

16.2.2 实训准备

实训准备见表 16-2。

表 16-2 实训准备

准备事宜	序号	名 称	方 法
样品的采集和保存	样品需充满并密封于棕色玻璃瓶中，样品量不少于 1 000 mL，置于 0～4℃运输和保存，24 h 内尽快分析。24 h 内不能分析，可冷冻保存，冷冻样品分析前需解冻、均质化和接种		
实训试剂	（1）	水	符合 GB/T 6682 规定的 3 级蒸馏水，水中铜离子浓度不大于 0.01 mg/L，不含氯或氯胺等物质
	（2）	接种液	可购买接种微生物用的接种物质，接种液的配制和使用按说明书的要求操作，也可按以下方法获得接种液。 ①未受工业废水污染的生活污水：化学需氧量不大于 300 mg/L，总有机碳不大于 100 mg/L。 ②含有城镇污水的河水或湖水。 ③污水处理厂的出水。 ④分析含有难降解物质的工业废水时，在其排污口下游适当处取水样作为废水的驯化接种液。也可取中和或经适当稀释后的废水进行连续曝气，每天加入少量该种废水，同时加入少量生活污水，使适应该种废水的微生物大量繁殖。当水中出现大量的絮状物时，表明微生物已繁殖，可用作接种液。一般驯化过程需 3～8 d

准备事宜	序号	名 称	方 法
实训试剂	（3）	盐溶液	①磷酸盐缓冲溶液：将 8.5 g 磷酸二氢钾（KH_2PO_4）、21.8 g 磷酸氢二钾（K_2HPO_4）、33.4 g 七水合磷酸氢二钠（$Na_2HPO_4 \cdot 7H_2O$）和 1.7 g 氯化铵（NH_4Cl）溶于水中，稀释至 1 000 mL，此溶液在 0～4℃可稳定保存 6 个月。此溶液的 pH 应为 7.2。 ②硫酸镁溶液，ρ（$MgSO_4$）=11.0 g/L：将 22.5 g 七水合硫酸镁（$MgSO_4 \cdot 7H_2O$）溶于水中，稀释至 1 000 mL，此溶液在 0～4℃可稳定保存 6 个月，若发现任何沉淀或微生物生长应弃去。 ③氯化钙溶液，ρ（$CaCl_2$）=27.6 g/L：将 27.6 g 无水氯化钙（$CaCl_2$）溶于水中，稀释至 1 000 mL，此溶液在 0～4℃可稳定保存 6 个月，若发现任何沉淀或微生物生长应弃去。 ④氯化铁溶液，ρ（$FeCl_3$）=0.15 g/L：将 0.25 g 六水合氯化铁（$FeCl_3 \cdot 6H_2O$）溶于水中，稀释至 1 000 mL，此溶液在 0～4℃可稳定保存 6 个月，若发现任何沉淀或微生物生长应弃去
	（4）	稀释水	在 5～20 L 玻璃瓶中加入一定量的水，控制水温在（20±1）℃，用曝气装置至少曝气 1 h，使稀释水中的溶解氧达到 8 mg/L 以上。使用前于每升水中加入（3）①磷酸盐缓冲溶液、（3）②硫酸镁溶液、（3）③氯化钙溶液、（3）④氯化铁溶液各 1.0 mL，混匀，20℃保存。在曝气的过程中防止污染，特别是防止带入有机物、金属、氧化物或还原物。 稀释水中氧的质量浓度不能过饱和，使用前需开口放置 1 h，且应在 24 h 内使用。剩余的稀释水应弃去
	（5）	接种稀释水	根据接种液的来源不同，在每升稀释水中加入适量接种液：1～10 mL 城市生活污水和污水处理厂出水，10～100 mL 河水或湖水。将接种稀释水存放在（20±1）℃的环境中，当天配制当天使用。接种稀释水的 pH 为 7.2，BOD_5 值应小于 1.5 mg/L
	（6）	盐酸溶液 （c=0.5 mol/L）	将 40 mL 浓盐酸溶于水中，稀释至 1 000 mL
	（7）	氢氧化钠溶液 （c=0.5 mol/L）	将 20 g 氢氧化钠溶于水，稀释至 1 000 mL
	（8）	亚硫酸钠溶液 （c= 0.025 mol/L）	将 1.575 g 亚硫酸钠（Na_2SO_3）溶于水中，稀释至 1 000 mL。此溶液不稳定，需现用现配
	（9）	葡萄糖-谷氨酸标准溶液	将葡萄糖（$C_6H_{12}O_6$，优级纯）和谷氨酸（$HOOC-CH_2-CH_2-CHNH_2-COOH$）在 130℃干燥 1 h，各称取 150 mg 溶于水中，在 1 000 mL 容量瓶中稀释至标线。此溶液的 BOD_5 为（210±20）mg/L，现用现配。该溶液也可少量冷冻保存，融化后立刻使用
	（10）	丙烯基硫脲硝化抑制剂 （ρ=1.0 g/L）	溶解 0.2 g 丙烯基硫脲（$C_4H_8N_2S$）于 200 mL 水中混合，4℃保存，此溶液可稳定保存 14 d

准备事宜	序号	名　称	方　法
实训试剂	（11）	乙酸溶液	将 1 体积乙酸加入 1 体积水
	（12）	碘化钾溶液（ρ=100 g/L）	将 10 g 碘化钾（KI）溶于水中，稀释至 100 mL
	（13）	淀粉溶液（ρ=5 g/L）	将 0.5 g 淀粉溶于水中，稀释至 100 mL
水样的前处理	①pH 调节：若样品或稀释后样品的 pH 不在 6～8，应用（6）盐酸溶液或（7）氢氧化钠溶液调节其 pH 至 6～8		
	②余氯和结合氯的去除：若样品中含有少量余氯，一般在采样后放置 1～2 h，游离氯即可消失。对在短时间内不能消失的余氯，可加入适量（8）亚硫酸钠溶液去除样品中存在的余氯和结合氯，加入的亚硫酸钠溶液的量由下述方法确定。 取已中和好的水样 100 mL，加入（1）乙酸溶液 10 mL、（2）碘化钾溶液 1 mL，混匀，暗处静置 5 min。用亚硫酸钠溶液滴定析出的碘至淡黄色，加入 1 mL（3）淀粉溶液呈蓝色。再继续滴定至蓝色刚刚褪去，即为终点，记录所用亚硫酸钠溶液体积，由亚硫酸钠溶液消耗的体积计算出水样中应加入亚硫酸钠溶液的体积		
	③样品均质化：含有大量颗粒物、需要较大稀释倍数的样品或经冷冻保存的样品，测定前均需将样品搅拌均匀		
	④样品中有藻类：若样品中有大量藻类存在，BOD_5 的测定结果会偏高。当分析结果精度要求较高时，测定前应用滤孔为 1.6 μm 的滤膜过滤，检测报告中注明滤膜滤孔的大小		
	⑤含盐量低的样品：若样品含盐量低，非稀释样品的电导率小于 125 μS/cm 时，需加入适量的相同体积的 4 种盐溶液，使样品的电导率大于 125 μS/cm。每升样品中至少需加入各种盐的体积（V）按下式计算： $$V=(\Delta K-12.8)/113.6$$ 式中：V——需加入各种盐的体积，mL； ΔK——样品需要提高的电导率值，μS/cm。		

16.2.3 分析步骤

（1）非稀释法

当样品中的有机物含量较少，BOD_5 的质量浓度不大于 6 mg/L 时，采用非稀释法。若样品中有足够的微生物无须接种；若样品中无足够的微生物需接种。

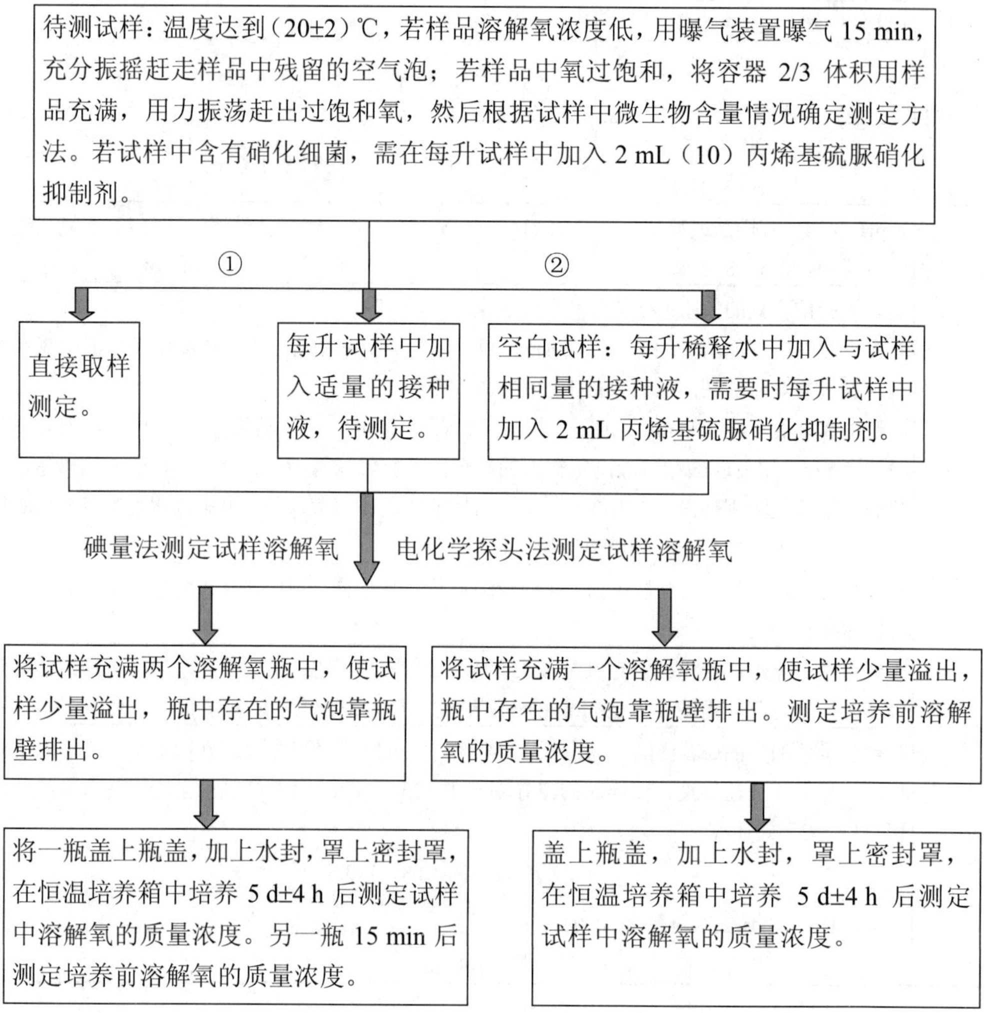

（2）稀释法

当样品中的有机物含量较多，BOD_5 的质量浓度大于 6 mg/L 时，采用稀释法。若样品中有足够的微生物无须接种；若样品中无足够的微生物需接种。

待测试样：温度达到（20±2）℃，若样品溶解氧浓度低，用曝气装置曝气 15 min，充分振摇赶走样品中残留的气泡；若样品中氧过饱和，将容器的 2/3 体积充满样品，用力振荡赶出过饱和氧，然后根据试样中微生物含量情况确定测定方法。若试样中含有硝化细菌，需在每升试样中加入 2 mL（10）丙烯基硫脲硝化抑制剂。

↓

确定稀释倍数：可根据样品的总有机碳、高锰酸盐指数或化学需氧量的测定值（Y），按照表 16-3 列出的比值（R，R 与样品的类型有关）估计 BOD_5 的期望值（ρ，$\rho=R\cdot Y$），再根据表 16-4 确定稀释因子。当不能准确地选择稀释倍数时，一个样品做 2～3 个不同的稀释倍数。

↓

按照确定的稀释倍数，将一定体积的试样或处理后的试样用虹吸管加入已加入部分稀释水或接种稀释水的稀释容器中，加入稀释水或接种稀释水至刻度，轻轻混合避免残留气泡，待测定。若稀释倍数超过 100 倍，可进行两步或多步稀释。

若试样中有微生物毒性物质，应配制几个不同稀释倍数的试样，选择与稀释倍数无关的结果，并取其平均值。试样测定结果与稀释倍数的关系确定见右框内容。

当分析结果精度要求较高或存在微生物毒性物质时，一个试样要做两个以上不同的稀释倍数，每个试样每个稀释倍数做平行双样同时进行培养。测定培养过程中每瓶试样氧的消耗量，并画出氧消耗量对每一稀释倍数试样中原样品的体积曲线。

若曲线呈线性，则此试样中不含有任何抑制微生物的物质，即样品的测定结果与稀释倍数无关；若曲线仅在低浓度范围内呈线性，取线性范围内稀释比的试样测定结果计算平均 BOD_5。

空白试样：稀释水（稀释接种法）或接种稀释水（稀释法），需要时每升稀释水或接种稀释水中加入 2 mL（10）丙烯基硫脲硝化抑制剂。

↓

碘量法测定试样溶解氧 | 电化学探头法测定试样溶解氧

碘量法测定试样溶解氧：

将试样充满两个溶解氧瓶中，使试样少量溢出，瓶中存在的气泡靠瓶壁排出。

↓

将一瓶盖上瓶盖，加上水封，罩上密封罩，在恒温培养箱中培养 5 d±4 h 后测定试样中溶解氧的质量浓度。另一瓶 15 min 后测定培养前溶解氧的质量浓度。

电化学探头法测定试样溶解氧：

将试样充满一个溶解氧瓶中，使试样少量溢出，瓶中存在的气泡靠瓶壁排出。测定培养前溶解氧的质量浓度。

↓

盖上瓶盖，加上水封，罩上密封罩，在恒温培养箱中培养 5 d±4 h 后测定试样中溶解氧的质量浓度。

表 16-3 典型的比值（R）

水样的类型	总有机碳（R）（BOD_5/TOC）	高锰酸盐指数（R）（BOD_5/Mn）	化学需氧量（R）（BOD_5/COD_{Cr}）
未处理的废水	1.2～2.8	1.2～1.5	0.35～0.65
生化处理的废水	0.3～1.0	0.5～1.2	0.20～0.35

表 16-4 BOD_5 测定的稀释倍数

BOD_5 的期望值/（mg/L）	稀释倍数	水样类型
6～12	2	河水、生物净化的城市污水
10～30	5	河水、生物净化的城市污水
20～60	10	生物净化的城市污水
40～120	20	澄清的城市污水或轻度污染的工业废水
100～300	50	轻度污染的工业废水或原城市污水
200～600	100	轻度污染的工业废水或原城市污水
400～1 200	200	重度污染的工业废水或原城市污水
1 000～3 000	500	重度污染的工业废水
2 000～6 000	1 000	重度污染的工业废水

16.2.4 质量保证和质量控制

（1）空白试样

每一批样品做两个分析空白试样，稀释法空白试样的测定结果不能超过 0.5 mg/L，非稀释接种法和稀释接种法空白试样的测定结果不能超过 1.5 mg/L，否则应检查可能的污染来源。

（2）接种液、稀释水质量的检查

每一批样品要求做一个标准样品，样品的配制方法如下：取 20 mL（9）葡萄糖-谷氨酸标准溶液于稀释容器中，用接种稀释水稀释至 1 000 mL，测定 BOD_5，测定结果应在 180～230 mg/L，否则应检查接种液、稀释水的质量。

（3）平行样品

每一批样品至少做一组平行样，计算相对百分偏差（RP）。当 BOD_5＜3 mg/L 时，RP≤±15%；当 BOD_5 为 3～100 mg/L 时，RP≤±20%；当 BOD_5＞100 mg/L 时，RP≤±25%。计算公式如下：

$$RP = \frac{\rho_1 - \rho_2}{\rho_1 + \rho_2} \times 100\%$$

式中：RP——相对百分偏差，%；

ρ_1——第一个样品 BOD_5 的质量浓度，mg/L；

ρ_2——第二个样品 BOD_5 的质量浓度，mg/L。

16.3 数据的计算与处理

（1）非稀释法

$$\rho = \rho_1 - \rho_2$$

式中：ρ——BOD_5 质量浓度，mg/L；

ρ_1——水样在培养前的溶解氧质量浓度，mg/L；

ρ_2——水样在培养后的溶解氧质量浓度，mg/L。

（2）非稀释接种法

$$\rho = (\rho_1 - \rho_2) - (\rho_3 - \rho_4)$$

式中：ρ——BOD_5 质量浓度，mg/L；

ρ_1——接种水样在培养前的溶解氧质量浓度，mg/L；

ρ_2——接种水样在培养后的溶解氧质量浓度，mg/L；

ρ_3——空白样在培养前的溶解氧质量浓度，mg/L；

ρ_4——空白样在培养后的溶解氧质量浓度，mg/L。

（3）稀释与接种法

$$\rho = \frac{(\rho_1 - \rho_2) - (\rho_3 - \rho_4) f_1}{f_2}$$

式中：ρ——BOD_5 质量浓度，mg/L；

ρ_1——接种稀释水样在培养前的溶解氧质量浓度，mg/L；

ρ_2——接种稀释水样在培养后的溶解氧质量浓度，mg/L；

ρ_3——空白样在培养前的溶解氧质量浓度，mg/L；

ρ_4——空白样在培养后的溶解氧质量浓度，mg/L；

f_1——接种稀释水或稀释水在培养液中所占的比例，%；

f_2——原样品中培养液所占的比例，%。

f_1、f_2 的计算方法：例如培养液的稀释比为 3%，即 3 份水样、97 份稀释水，则 f_1=0.97、f_2=0.03。

数据处理：BOD_5 测定结果以氧的质量浓度（mg/L）报出。对稀释与接种法，如果有几个稀释倍数的结果满足要求，结果取这些稀释倍数结果的平均值。结果小于 100 mg/L，保留 1 位小数；结果在 100～1 000 mg/L，取整数位；结果大于 1 000 mg/L，以科学计数法报出。结果报告中应注明：样品是否经过过滤、冷冻或均质化处理。

将数据填入表 16-5 中。

表 16-5 BOD_5原始数据记录表

样品编号	f_1	f_2	培养前溶解氧/（mg/L）	培养后溶解氧/（mg/L）	BOD_5/（mg/L）	备注
空白①						
空白②						

分析人：　　　　校对人：　　　　审核人：

16.4 出具报告

封面：

检 测 报 告 书

样品名称____________________________

被检单位____________________________

检测单位____________________________

报告日期　　　年　　月　　日

首页及正文：

__________分析测试中心

字（20　　年）第　号

共　页，第　页

样品名称____________________________　　检测类别____委托____

被检单位____________________________　　样品编号__________

样品类别__________　包装情况______________　收样日期__________

采样日期__________　采样地点________________________________

样品性状________________________　样品数量________　检测日期__________

检测项目____

____

检测结果及评价依据：

测定值：________________________　评价依据：________________________

结论及评价：

结论：__________________________　评价：__________________________

检测环境条件：________　温度：______　相对湿度：________　气压：________

主要检测仪器设备：

名称：________________　编号：______________　型号：______________

名称：________________　编号：______________　型号：______________

名称：________________　编号：______________　型号：______________

报告编制：　　　　　　复核：　　　　　　签发：

盖　章

年　月　日

16.5 实训评价

16.5.1 操作规范评分表

操作规范评分表见表 16-6。

表 16-6 操作规范评分表

序号	考核点	配分	评分标准	扣分	得分
一	仪器准备	3			
1	玻璃仪器洗涤	3	①未用蒸馏水清洗两遍以上，扣 2 分； ②玻璃仪器出现挂水珠现象，扣 1 分		
二	稀释水、接种稀释水的制备	7			
1	稀释水或接种稀释水制备方法	2	制备方法不正确，扣 2 分		
2	稀释水或接种稀释水的质量	5	①pH 不为 7.2，扣 2 分； ②稀释水 BOD_5 大于 0.5 mg/L 或接种稀释水 BOD_5 大于 1.5 mg/L，扣 3 分		
三	样品测定操作	30			
1	样品前处理	3	①未正确选择样品前处理方法，扣 1 分； ②样品前处理操作方法不正确，扣 2 分		
2	试样准备操作	2	①待测试样温度未达到（20±2）℃，扣 1 分； ②样品溶解氧浓度低或过饱和，未按方法要求进行准备，扣 1 分		
3	稀释倍数的确定	5	①未能正确掌握稀释倍数的确定方法，扣 2 分； ②稀释倍数确定不正确，导致消耗的溶解氧小于 2 mg/L，培养后样品剩余溶解氧小于 2 mg/L，扣 3 分		
4	稀释操作	6	①未用虹吸法稀释样品，扣 2 分； ②稀释水和水样未沿器壁引入稀释容器或引入过程中有曝气现象，扣 2 分； ③稀释水样搅匀过程产生气泡，扣 2 分		
5	样品装瓶	4	①样品装入溶解氧瓶未做到少量溢出，扣 1 分； ②装好样品的溶解氧瓶中存在气泡，扣 2 分； ③样品瓶未贴标签，扣 1 分		
6	样品培养	5	①不能正确使用恒温培养箱，扣 2 分； ②培养温度超出（20±1）℃，扣 1 分； ③培养过程中溶解氧瓶封口水未及时添加，扣 1 分； ④培养时间超出 5 d±4 h，扣 1 分		
7	溶解氧测定	5	未按碘量法或电化学探头法的要求测定样品中溶解氧的质量浓度，扣 5 分		

序号	考核点	配分	评分标准	扣分	得分
四	实验数据处理	18			
1	原始记录	6	数据未直接填在报告单上、数据不全、有效数字位数不对、有空项、缺少计量单位、数据更改不规范，每项扣 1 分，可累计扣分，但不超过该项总分 6 分（请在扣分项上打“√”）		
2	结果计算	12	BOD_5 测定结果ρ、RP，每错 1 个扣 3 分		
五	文明操作	12			
1	实验室整洁	5	实验过程中台面、地面脏乱，废液处置不当，一次性扣 5 分		
2	清洗仪器、试剂等物品归位	5	实验结束未清洗仪器或试剂、物品未归位，一次性扣 5 分		
3	仪器损坏	2	仪器损坏，一次性扣 2 分		
六	测定结果	30			
1	空白试样测定结果精密度	5	①RP≤5%，不扣分； ②5%＜RP≤10%，扣 1 分； ③10%＜RP≤15%，扣 2 分； ④15%＜RP≤20%，扣 3 分； ⑤20%＜RP≤25%，扣 4 分； ⑥RP＞25%，扣 5 分		
2	样品测定结果精密度	10	①RP≤0.5%，不扣分； ②0.5%＜RP≤1%，扣 1 分； ③1%＜RP≤2%，扣 2 分； ④2%＜RP≤4%，扣 3 分； ⑤4%＜RP≤6%，扣 4 分； ⑥6%＜RP≤8%，扣 5 分； ⑦8%＜RP≤10%，扣 6 分； ⑧10%＜RP≤12%，扣 7 分； ⑨12%＜RP≤14%，扣 8 分； ⑩14%＜RP≤15%，扣 9 分； ⑪RP＞15%，扣 10 分		
3	标准样品测定结果准确度	15	①测定值在（210±5）mg/L，不扣分； ②测定值在（210±6）mg/L，扣 0.5 分； ③测定值在 210±（7～20）mg/L，扣 1～14 分； ④测定值超出（210±20）mg/L，扣 15 分		
最终合计		100			

16.5.2 实训总体评价

实训总体评价见表 16-7。

表 16-7 实训总体评价

序号	项目内容	权重/%	自评分（50%）	小组评分（50%）	综合分
职业素养	纪律	5			
	团队精神	5			
	职业综合能力	10			
职业技能	实训准备	5			
	操作规范	50			
	数据处理	20			
	报告编制	5			
综合得分					
请根据以上打分情况，对本实训当中的工作和学习状态进行总体评述，分析自己的不足之处，描述今后的改进措施。					
教师评价：					

项目 17　总氮的测定
——碱性过硫酸钾消解紫外分光光度法

实训目标

- **能力（技能）目标**

  ①掌握分光光度计的使用方法。

  ②掌握碱性过硫酸钾消解紫外分光光度法测定总氮的步骤。

  ③掌握标准曲线的定量方法。

- **认知（知识）目标**

  ①掌握总氮的基础知识。

  ②掌握碱性过硫酸钾消解紫外分光光度法测定总氮的实验原理。

  ③能够计算标准曲线方程及γ。

- **其他（素质）目标**

  ①培养良好的职业道德、工作态度和责任感。

  ②培养良好的计划组织能力。

  ③培养良好的团队协作精神。

  ④遵守实验室安全操作规定。

  ⑤遵守环境保护规定。

能力训练任务

①阅读样品检测委托协议。

②样品的采集和保存。

③样品的前处理。

④标准系列的测试与绘制。

⑤样品的测定。

⑥数据的计算与处理。

⑦报告编制。

项目 17
讲解与示范

17.1 接受任务

填写委托检测协议（表 17-1）。

表 17-1 委托检测协议

<table>
<tr><td rowspan="4">委托单位信息</td><td colspan="5">名称：</td></tr>
<tr><td colspan="5">地址：</td></tr>
<tr><td colspan="3">联系人：</td><td colspan="2">联系电话：</td></tr>
<tr><td colspan="3">传真：</td><td colspan="2">电子邮箱：</td></tr>
<tr><td rowspan="4">受理单位信息</td><td colspan="5">名称：</td></tr>
<tr><td colspan="5">地址：</td></tr>
<tr><td colspan="3">联系人：</td><td colspan="2">联系电话：</td></tr>
<tr><td colspan="3">传真：</td><td colspan="2">电子邮箱：</td></tr>
<tr><td rowspan="2">委托内容</td><td colspan="5">检测项目：
检测参数/方法：</td></tr>
<tr><td>检测依据</td><td colspan="4">□由委托单位指定检测方法
□由受理单位选定合适的检测方法</td></tr>
<tr><td>来样形式</td><td colspan="5">□受理单位采样　□委托单位自采</td></tr>
<tr><td>委托样品</td><td colspan="5">□水样　□泥样　□固体样品　□气体样品</td></tr>
<tr><td>样品数量</td><td></td><td>采样容器</td><td></td><td>样品量</td><td></td></tr>
<tr><td>样品状态</td><td colspan="5">□浊　□较浊　□较清洁　□清洁
□黑色　□灰色　□其他颜色</td></tr>
<tr><td>样品存放条件</td><td colspan="2">□室温　□避光　□冷藏（4℃）</td><td>样品处置</td><td colspan="2">□退回　□自由处置</td></tr>
<tr><td>是否比对</td><td colspan="5">□否
□是（比对项目：__________ 指定比对方：__________）</td></tr>
<tr><td>检测期限</td><td colspan="5">□标准（7 个工作日内）　□委托单位指定：__________　□其他：__________</td></tr>
<tr><td rowspan="2">报告发送</td><td colspan="5">□自取　□快递到付　□快递已付　□传真/邮件</td></tr>
<tr><td colspan="5">报告邮寄地址：</td></tr>
<tr><td>付款方式</td><td colspan="5">□无预付款　□有预付款（预付：__________）　□定期结算　□其他：__________</td></tr>
<tr><td>备 注</td><td colspan="5"></td></tr>
<tr><td colspan="3">委托方签字：　　　　日期：</td><td colspan="3">受理方签字：　　　　日期：</td></tr>
</table>

17.2 实施检测

17.2.1 预备知识

总氮是指水中各种形态无机和有机氮的总量，包括 NO_3^-、NO_2^-和 NH_4^+等无机氮及蛋白质、氨基酸和有机胺等有机氮，以每升水含氮毫克数计算。总氮常被用来表示水体受营养物质污染的程度。

水中的总氮含量是衡量水质的重要指标之一。总氮的测定有助于评价水体被污染和自净状况。地表水中氮、磷物质超标时，微生物大量繁殖，浮游生物生长旺盛，水体出现富营养化状态。

在 120～124℃的碱性介质中，加入过硫酸钾氧化剂，将水样中氨、铵盐、亚硝酸盐以及大部分有机氮化合物氧化成硝酸盐后，以硝酸盐氮的形式采用紫外分光光度法进行总氮的测定。

17.2.2 实训准备

实训准备见表 17-2。

表 17-2 实训准备

准备事宜	序号	名 称	方 法
样品的采集和保存			水样采集在聚乙烯瓶或硬质玻璃瓶内。用浓硫酸使水样酸化至 pH 为 1～2，常温下可保存 7 d。贮存在聚乙烯瓶中，–20℃冷冻，可保存 1 个月
试样的制备			取适量样品用氢氧化钠溶液或硫酸溶液调节 pH 为 5～9，待测
实训试剂	（1）	无氨水	①离子交换法：蒸馏水通过强酸性阳离子交换树脂（氢型）柱，将馏出液收集在带有磨口玻璃塞的玻璃瓶内。每升馏出液加入 10 g 同样的树脂，以利于保存
			②蒸馏法：在 1 000 mL 蒸馏水中，加 0.1 mL（6）浓硫酸（ρ=1.84 g/mL），在全玻璃蒸馏器中重蒸馏，弃去前 50 mL 馏出液，然后将约 800 mL 馏出液收集在带有磨口玻璃塞的玻璃瓶内。每升馏出液加入 10 g 强酸性阳离子交换树脂（氢型）
			③纯水器法：用市售纯水机临用前制备
	（2）	氢氧化钠	含氮量应小于 0.000 5%
	（3）	过硫酸钾	含氮量应小于 0.000 5%
	（4）	硝酸钾	基准试剂或优级纯。在 105～110℃下烘干 2 h，在干燥器中冷却至室温
	（5）	浓盐酸	ρ（HCl）=1.19 g/mL
	（6）	浓硫酸	ρ（H_2SO_4）=1.84 g/mL
	（7）	（1+9）盐酸溶液	1 体积（5）浓盐酸 9 体积（1）无氨水
	（8）	氢氧化钠溶液（ρ=200 g/L）	称取 20.0 g（2）氢氧化钠溶于水中，稀释至 100 mL

准备事宜	序号	名　称	方　法
实训试剂	（9）	氢氧化钠溶液（ρ =20 g/L）	量取 10.0 mL（8）氢氧化钠溶液，用水稀释至 100 mL
	（10）	碱性过硫酸钾溶液	称取 40.0 g（3）过硫酸钾溶于 600 mL 水中（可置于 50℃水浴中加热至全部溶解）；另称取 15.0 g（2）氢氧化钠溶于 300 mL 水中。待氢氧化钠溶液温度冷却至室温后，混合两种溶液定容至 1 000 mL，存放于聚乙烯瓶中，可保存 1 周
	（11）	硝酸钾标准贮备液（ρ_N=100 mg/L）	称取 0.721 8 g（4）硝酸钾溶于适量水，移至 1 000 mL 容量瓶中，用水稀释至标线，混匀。加入 1～2 mL 三氯甲烷作为保护剂，在 0～10℃暗处保存，可稳定 6 个月。也可直接购买市售有证标准溶液
	（12）	硝酸钾标准使用液（ρ_N=10.0 mg/L）	量取 10.00 mL（11）硝酸钾标准贮备液至 100 mL 容量瓶中，用水稀释至标线，混匀，临用现配

17.2.3 分析步骤

在 6 个 25 mL 比色管中，分别加入 0.00 mL、0.20 mL、0.50 mL、1.00 mL、3.00 mL 和 7.00 mL（12）硝酸钾标准使用液，加水稀释至 10.00 mL。

取 10.00 mL 水样于 25 mL 具塞磨口玻璃比色管中。

水样 10.00 mL（若水样含氮量超过 70 μg/L，可减少取样体积并加水稀释至 10.00 mL）于 25 mL 具塞磨口玻璃比色管中。

↓

加入 5.00 mL（10）碱性过硫酸钾溶液。

↓

塞紧管塞，用纱布和线绳扎紧管塞，以防弹出。将比色管置于高压蒸汽灭菌器中，加热至顶压阀吹气，关阀，继续加热至 120℃开始计时，保持温度在 120～124℃ 30 min。自然冷却、开阀放气，移动外盖，取出比色管冷却至室温，按住管塞将比色管中的液体颠倒混匀 2～3 次。

↓

加入 1.0 mL（7）盐酸溶液，用水稀释至标线，盖塞混匀。

↓

用 10 mm 石英比色皿，以水作参比，分别在波长 220 nm 和 275 nm 处测定吸光度。

↓

计算校正吸光度：

$$A_b = A_{b220} - 2A_{b275}$$

$$A_s = A_{s220} - 2A_{s275}$$

$$A_r = A_s - A_b$$

式中：A_b——零浓度（空白）溶液的校正吸光度；

A_{b220}——零浓度（空白）溶液于波长 220 nm 处的吸光度；

A_{b275}——零浓度（空白）溶液于波长 275 nm 处的吸光度；

A_s——标准溶液的校正吸光度；

A_{s220}——标准溶液于波长 220 nm 处的吸光度；

A_{s275}——标准溶液于波长 275 nm 处的吸光度；

A_r——标准溶液校正吸光度与零浓度（空白）溶液校正吸光度的差。

↓

计算、绘制标准曲线，计算水样总氮的浓度：

$$\rho = \frac{(A_t - a) \times f}{bV}$$

式中：ρ——样品中总氮（以 N 计）的质量浓度，mg/L；

A_t——试样的校正吸光度与空白实验校正吸光度的差值；

a——校准曲线的截距；

b——校准曲线的斜率；

V——试样体积，mL；

f——稀释倍数。

17.2.4 质量保证和质量控制

①校准曲线的相关系数（r）应大于等于 0.999。

②每批样品应至少做一个空白实验，空白实验的校正吸光度（A_b）应小于 0.030。超过该值时应检查实验用水、试剂（主要是氢氧化钠和过硫酸钾）纯度、器皿和高压蒸汽灭菌器的污染状况。

③每批样品应至少测定 10%的平行双样，样品数量少于 10 个时，应至少测定一个平行双样。当样品总氮含量小于等于 1.00 mg/L 时，测定结果相对偏差应小于等于 10%；当样品总氮含量大于 1.00 mg/L 时，测定结果相对偏差应小于等于 5%。测定结果以平行双样的平均值报出。

④每批样品应测定一个校准曲线中间点浓度的标准溶液，其测定结果与校准曲线该点浓度的相对误差应小于等于 10%。否则，需重新绘制校准曲线。

⑤每批样品应至少测定 10%的加标样品，样品数量少于 10 个时，应至少测定一个加标样品，加标回收率应在 90%～110%。

17.3 数据记录与处理

①吸收池配套性检查。

比色皿的校正值：A_1______；A_2______；A_3______。

所选比色皿为：__________。

②标准曲线的绘制，原始数据记录在表 17-3 中。

测量波长：__________；标准溶液原始浓度：__________。

③水质样品的测定，原始数据记录在表 17-4 中。

表 17-3　标准系列数据记录表

溶液号	吸取标准溶液体积/mL	质量/μg	A_{s220}	A_{s275}	A_s	A_r
0						
1						
2						
3						
4						
5						
回归方程：						
相关系数：						

表 17-4　水质样品数据记录表

平行测定次数	1	2	3
水样在 220 nm 处的吸光度（A_{p220}）			
水样在 275 nm 处的吸光度（A_{p275}）			
水样的校正吸光度（$A_p=A_{p220}-A_{p275}$）			
空白的校正吸光度（A_b）			
水样校正吸光度与空白校正吸光度的差值（$A_t=A_p-A_b$）			
回归方程计算所得质量/μg			
水样浓度/（μg/mL）			
平均浓度/（mg/L）			
R_d/%			

分析人：　　　　　　校对人：　　　　　　审核人：

标准曲线绘制图：

17.4 出具报告

封面：

检 测 报 告 书

样品名称________________________

被检单位________________________

检测单位________________________

报告日期　　年　月　日

首页及正文：

__________分析测试中心

字（20　年）第　号

共　页，第　页

样品名称____________________________　检测类别____委托____

被检单位____________________________　样品编号__________

样品类别__________　包装情况____________　收样日期__________

采样日期__________　采样地点______________________________

样品性状______________________　样品数量________　检测日期__________

检测项目____

____

检测结果及评价依据：

测定值：______________________　评价依据：______________________

结论及评价：

结论：________________________　评价：__________________________

检测环境条件：________　温度：______　相对湿度：________　气压：________

主要检测仪器设备：

名称：______________　编号：____________　型号：______________

名称：______________　编号：____________　型号：______________

名称：______________　编号：____________　型号：______________

报告编制：　复核：　签发：

盖　章

年　月　日

17.5 实训评价

17.5.1 操作规范评分表

操作规范评分表见表 17-5。

表 17-5 操作规范评分表

序号	考核点	配分	评分标准	扣分	得分
一	仪器准备	4			
1	玻璃仪器洗涤	2	①未用蒸馏水清洗两遍以上，扣 1 分； ②玻璃仪器出现挂水珠现象，扣 1 分		
2	紫外分光光度计预热 30 min	2	①仪器未进行预热或预热时间不够，扣 1 分； ②未切断光路预热，扣 1 分		
二	标准溶液的配制	16			
1	标准系列的配制	4	①贮备液未稀释，扣 1 分； ②直接在贮备液或工作液中进行相关操作，扣 1 分； ③标准工作液未贴标签或标签内容不全（包括名称、浓度、日期、配制者），扣 1 分； ④每个点移取的标准溶液应从零分度开始，出现不正确项 1 次扣 0.5 分，但不超过该项总分 4 分（工作液可放回剩余溶液的烧杯中再移取，辅助试剂可在移液管吸干后在原试剂中进行相关操作）		
2	水样稀释液的配制	1	直接在水样原液中进行相关操作，扣 1 分（水样稀释液在移液管吸干后可在容量瓶中进行相关操作）		
3	溶液配制过程中有关的实验操作	11	①未进行容量瓶试漏检查，扣 0.5 分； ②容量瓶、比色管加蒸馏水时未沿器壁流下或产生大量气泡，扣 0.5 分； ③蒸馏水瓶管尖接触容器，扣 0.5 分； ④加水至容量瓶约 3/4 体积时没有平摇，扣 0.5 分； ⑤容量瓶、比色管加水至近标线等待 1 min，没有等待的，扣 0.5 分； ⑥容量瓶、比色管逐滴加入蒸馏水至标线操作不当或定容不准确，扣 0.5 分； ⑦持瓶方式不正确，扣 0.5 分； ⑧容量瓶、比色管未充分混匀或中间未开塞，扣 0.5 分； ⑨对溶液使用前没有盖塞充分摇匀的，扣 0.5 分； ⑩润洗方法不正确，扣 0.5 分； ⑪将移液管中过多的贮备液放回贮备液瓶中，扣 0.5 分； ⑫移液管管尖触底，扣 0.5 分； ⑬移液管出现吸空现象，扣 1 分； ⑭移液管移取标准贮备液、标准工作液、水样原液及水样稀释液前未处理管尖溶液，扣 0.5 分； ⑮移取标准贮备液、标准工作液及水样原液时未另用一烧杯调节液面，扣 0.5 分		

序号	考核点	配分	评分标准	扣分	得分
3	溶液配制过程中有关的实验操作	11	⑯移液管移取标准贮备液、标准工作液、水样原液及水样稀释液时，调节液面前未处理管尖部，扣 0.5 分； ⑰移液管未能一次调节至刻度，扣 1 分； ⑱移液管放液不规范，扣 1 分； ⑲取完试剂后未及时盖上试剂瓶盖，扣 0.5 分； * 重新配标准工作溶液，一次性扣 5 分； * 重新配标准系列或水样稀释液，每出现一次扣 2 分，最多扣 10 分		
三	紫外分光光度计使用	15			
1	测定前的准备	2	①没有进行比色皿配套性选择，或选择不当，扣 1 分； ②不能正确在 T 挡调“100%”和“0”，扣 1 分		
2	测定操作	7	①手触及比色皿透光面，扣 0.5 分； ②比色皿润洗方法不正确（须含蒸馏水洗涤、待装液润洗），扣 0.5 分； ③比色皿润洗操作不正确，扣 0.5 分； ④加入溶液高度不正确，扣 1 分； ⑤比色皿外壁溶液处理不正确，扣 1 分； ⑥比色皿盒拉杆操作不当，扣 0.5 分； ⑦重新取液测定，每出现一次扣 1 分，但不超过 4 分； ⑧不正确使用参比溶液，扣 1 分		
3	测定过程中仪器被溶液污染	2	①比色皿放在仪器表面，扣 1 分； ②比色室被洒落溶液污染，扣 0.5 分； ③比色室未及时清理干净，扣 0.5 分		
4	测定后的处理	4	①台面不清洁，扣 0.5 分； ②未取出比色皿及未洗涤，扣 1 分； ③没有倒尽控干比色皿，扣 0.5 分； ④测定结束，未做使用记录登记，扣 1 分； ⑤未关闭仪器电源，扣 1 分		
四	实验数据处理	12			
1	标准曲线取点		标准曲线取点不得少于 6 个（包含试剂空白点），否则标准曲线无效		
2	正确绘制标准曲线	5	①标准曲线坐标选取错误或比例不合理（含曲线斜率不当），扣 1 分； ②测量数据及回归方程计算结果未标在曲线中，扣 1 分； ③缺少曲线名称、坐标、箭头、符号、单位量、回归方程及数据有效位数不对，每 1 项扣 0.5 分，但不超过 3 分		
3	试液吸光度在要求范围内	2	水样取用量不合理致使吸光度超出要求范围或在 0 号与 1 号管测点范围内，扣 2 分		
4	原始记录	3	数据未直接填在报告单上、数据不全、有效数字位数不对、有空项，原始记录中缺少计量单位、数据更改每项扣 0.5 分，可累计扣分，但不超过该项总分 3 分		

序号	考核点	配分	评分标准	扣分	得分
5	有效数字运算	2	①回归方程未保留小数点后 4 位数字，扣 0.5 分； ②γ未保留小数点后 4 位数字，扣 0.5 分； ③测量结果小数点未保留到正确位数，扣 1 分		
五	文明操作	18			
1	实验室整洁	4	实验过程中台面、地面脏乱，废液处置不当，一次性扣 4 分		
2	清洗仪器、试剂等物品归位	4	实验结束后未先清洗仪器或试剂物品未归位就完成报告，一次性扣 4 分		
3	仪器损坏	6	仪器损坏，一次性扣 6 分		
4	试剂用量	4	每组均备有 2 倍用量的试剂，若还需添加，则一次性扣 4 分		
六	测定结果	35			
1	回归方程的计算	5	没有算出或计算错误回归方程的，扣 5 分		
2	标准曲线线性	10	①$\gamma \geqslant 0.9999$，不扣分； ②$0.9990 \leqslant \gamma \leqslant 0.9998$，扣 1～9 分； ③$\gamma < 0.9990$，扣 10 分； ④$\gamma$计算错误或未计算先扣 3 分，再按相关标准扣分，但不超过 10 分		
3	测定结果精密度	10	①$\lvert R_d \rvert \leqslant 0.5\%$，不扣分； ②$0.5\% < \lvert R_d \rvert \leqslant 1.4\%$，扣 1～9 分； ③$\lvert R_d \rvert > 1.4\%$，扣 10 分； ④精密度计算错误或未计算，扣 10 分； ⑤水样原液未做平行样 3 份，一次性扣 10 分（可为负分）		
4	测定结果准确度	10	①测定值在保证值±0.5%内，不扣分； ②测定值在保证值±（0.6%～1.8%），扣 1～9 分； ③测定值不在保证值±1.8%或测定结果少于 3 个，扣 10 分		
最终合计		100			

17.5.2 实训总体评价

实训总体评价见表 17-6。

表 17-6 实训总体评价

序号	项目内容	权重/%	自评分（50%）	小组评分（50%）	综合分
职业素养	纪律	5			
	团队精神	5			
	职业综合能力	10			
职业技能	实训准备	5			
	操作规范	50			
	数据处理	20			
	报告编制	5			
综合得分					
请根据以上打分情况，对本实训当中的工作和学习状态进行总体评述，分析自己的不足之处，描述今后的改进措施。					
教师评价：					

项目 18　总磷的测定 ——钼酸铵分光光度法

实训目标

- **能力（技能）目标**

①掌握分光光度计的使用方法。

②掌握钼酸铵分光光度法测定总磷的步骤。

③掌握标准曲线的定量方法。

- **认知（知识）目标**

①掌握总磷的基础知识。

②掌握钼酸铵分光光度法测定总磷的实验原理。

③能够计算标准曲线方程及γ。

- **其他（素质）目标**

①培养良好的职业道德、工作态度和责任感。

②培养良好的计划组织能力。

③培养良好的团队协作精神。

④遵守实验室安全操作规定。

⑤遵守环境保护规定。

能力训练任务

①阅读样品检测委托协议。

②样品的采集和保存。

③样品的前处理。

④标准系列的测试与绘制。

⑤样品的测定。

⑥数据的计算与处理。

⑦报告编制。

项目 18
讲解与示范

18.1　接受任务

填写委托检测协议（表18-1）。

表18-1　委托检测协议

委托单位信息	名称：				
	地址：				
	联系人：			联系电话：	
	传真：			电子邮箱：	
受理单位信息	名称：				
	地址：				
	联系人：			联系电话：	
	传真：			电子邮箱：	
委托内容	检测项目： 检测参数/方法：				
	检测依据	□由委托单位指定检测方法 □由受理单位选定合适的检测方法			
来样形式	□受理单位采样　□委托单位自采				
委托样品	□水样　□泥样　□固体样品　□气体样品				
样品数量		采样容器		样品量	
样品状态	□浊　□较浊　□较清洁　□清洁 □黑色　□灰色　□其他颜色				
样品存放条件	□室温　□避光　□冷藏（4℃）		样品处置	□退回　□自由处置	
是否比对	□否 □是（比对项目：________　指定比对方：________）				
检测期限	□标准（7个工作日内）　□委托单位指定：________　□其他：________				
报告发送	□自取　□快递到付　□快递已付　□传真/邮件				
	报告邮寄地址：				
付款方式	□无预付款　□有预付款（预付：______）　□定期结算　□其他：______				
备　注					
委托方签字：	日期：		受理方签字：	日期：	

18.2 实施检测

18.2.1 预备知识

在天然水和废水中，磷几乎都以各种磷酸盐的形式存在，它们分为正磷酸盐，缩合磷酸盐（焦磷酸盐、偏磷酸盐和多磷酸盐）和有机结合的磷酸盐，存在于溶液、腐殖质粒子或水生生物中。

天然水中磷酸盐含量较少。化肥、冶炼、合成洗涤剂等行业的工业废水及生水污水中常含有较大量的磷。磷是生物生长的必需元素之一。但水体中磷含量（超过 0.2 mg/L）过高可造成藻类的过量繁殖，直至数量上达到有害的程度（称为富营养化），造成湖泊、河流透明度降低，水质变坏。

总磷包括溶解的、颗粒的、有机磷和无机磷。在中性条件下用过硫酸钾（或硝酸-高氯酸）使试样消解，将所含磷全部氧化为正磷酸盐。在酸性介质中，正磷酸盐与钼酸铵反应，在锑盐存在下生成磷钼杂多酸后，立即被抗坏血酸还原，生成蓝色的络合物。该络合物的吸光度与总磷含量成正比，于波长 700 nm 处测量吸光度。

18.2.2 实训准备

实训准备见表 18-2。

表 18-2 实训准备

<table>
<tr><th>准备事宜</th><th>序号</th><th>名 称</th><th>方 法</th></tr>
<tr><td>样品的采集和保存</td><td colspan="3">采取 500 mL 水样后加入 1 mL 浓硫酸调节样品的 pH，使之低于或等于 1，或不加任何试剂于冷处保存。
注：含磷量较少的水样，不要用塑料瓶采样，因磷酸盐易吸附在塑料瓶壁上</td></tr>
<tr><td>试样的制备</td><td colspan="3">取 25 mL 样品于比色管中。取时应仔细摇匀，以得到溶解部分和悬浮部分均具有代表性的试样。如样品中含磷浓度较高，试样体积可以减少</td></tr>
<tr><td rowspan="9">实训试剂</td><td>（1）</td><td>浓硫酸
（ρ=1.84 g/mL）</td><td>分析纯</td></tr>
<tr><td>（2）</td><td>硝酸
（ρ=1.4 g/mL）</td><td>分析纯</td></tr>
<tr><td>（3）</td><td>高氯酸
（ρ=1.68 g/mL）</td><td>分析纯</td></tr>
<tr><td>（4）</td><td>硫酸</td><td>1+1</td></tr>
<tr><td>（5）</td><td>硫酸
（c=0.5 mol/L）</td><td>将 27 mL（1）浓硫酸加到 973 mL 水中</td></tr>
<tr><td>（6）</td><td>氢氧化钠溶液
（c=1 mol/L）</td><td>将 40 g 氢氧化钠溶于水，并稀释至 1 000 mL</td></tr>
<tr><td>（7）</td><td>氢氧化钠溶液
（c=6 mol/L）</td><td>将 240 g 氢氧化钠溶于水，并稀释至 1 000 mL</td></tr>
<tr><td>（8）</td><td>过硫酸钾溶液
（ρ=50 g/L）</td><td>将 5 g 过硫酸钾（$K_2S_2O_8$）溶于水，并稀释至 100 mL</td></tr>
<tr><td>（9）</td><td>抗坏血酸溶液
（ρ=100 g/L）</td><td>将 10 g 抗坏血酸溶于水中，并稀释至 100 mL。此溶液贮于棕色的试剂瓶中，在冷处可稳定几周，如不变色可长时间使用</td></tr>
</table>

准备事宜	序号	名　称	方　法
实训试剂	（10）	钼酸盐溶液	将 13 g 钼酸铵［$(NH_4)_6MO_7O_{24}\cdot4H_2O$］溶于 100 mL 水中，将 0.35 g 酒石酸锑钾［$KSbC_4HO_7\cdot0.5H_2O$］溶于 100 mL 水中。在不断搅拌下分别把上述钼酸铵溶液、酒石酸锑钾溶液徐徐加到 300 mL（4）硫酸中，混合均匀。此溶液贮存于棕色瓶中，在冷处可保存 3 个月
	（11）	浊度-色度补偿液	混合二体积（4）硫酸和一体积（9）抗坏血酸溶液。使用当天配制
	（12）	磷标准贮备溶液	称取 0.219 7 g 于 110℃干燥 2 h 在干燥器中放冷的磷酸二氢钾（KH_2PO_4），用水溶解后转移到 1 000 mL 容量瓶中，加入约 800 mL 水，加 5 mL（4）硫酸，然后用水稀释至标线，混匀。1.00 mL 此标准溶液含 50.0 μg 磷。本溶液在玻璃瓶中可贮存至少 6 个月
	（13）	磷标准使用溶液	将 10.00 mL 磷标准贮备溶液转移至 250 mL 容量瓶中，用水稀释至标线并混匀。1.00 mL 此标准溶液含 2.0 μg 磷。使用当天配制
	（14）	酚酞溶液（ρ=10 g/L）	将 0.5 g 酚酞溶于 50 mL 95%的乙醇中

18.2.3　分析步骤

在 7 支 50 mL 比色管中，分别加入 0.00 mL、0.50 mL、1.00 mL、3.00 mL、5.00 mL、10.00 mL 和 15.00 mL（13）磷酸标准使用液，加水稀释至 25.00 mL。

取 25.00 mL 蒸馏水于 50 mL 比色管中。

取 25.00 mL 水样于 50 mL 比色管中。

↓

加入 4.00 mL（8）过硫酸钾溶液。

↓

塞紧比色管的盖，用纱布和线将玻璃塞扎紧，置于高压蒸汽消毒器中加热，待压力达 1.1 kg/cm^2，相应温度为 120℃时、保持 30 min 后停止加热。待压力表读数降至零后，取出放冷。然后用水稀释至标线。

↓

加 1.00 mL（9）抗坏血酸溶液混匀，30 s 后加 2.00 mL（10）钼酸盐溶液充分混匀。

↓

15 min 后，使用光程为 30 mm 的比色皿，在 700 nm 波长下，以水作参比，测定吸光度。

↓

计算、绘制标准曲线，计算水样总磷含量（C，mg/L）：

$$C=\frac{m}{V}$$

式中：m——试样测得的含磷量，μg；

V——测定用试样的体积，mL。

18.2.4 质量保证与质量控制

①对于总磷较大的水样（如精炼厂、榨油厂污水和中和水）需将水样稀释 50 倍后再进行检测；排放水采样量为 10 mL。

②若消解后的试样有悬浮物需过滤后再发色。

③显色时间是 15～30 min。即加入钼酸盐溶液后开始计时 15 min 后测定吸光值，30 min 内测完吸光值。如果室温低于 13℃，可在 20～30℃水浴中显色 15 min（也可放入培养箱里）。

④校准曲线的相关系数（r）应大于等于 0.999。

⑤每批样品应至少做一个空白实验，空白实验的校正吸光度 A_b 应小于 0.030。超过该值时应检查实验用水、试剂纯度、器皿和高压蒸汽灭菌器的污染状况。

18.3 数据记录与处理

①吸收池配套性检查。

比色皿的校正值：A_1______；A_2______；A_3______。

所选比色皿为：__________。

②标准曲线的绘制，原始数据记录在表 18-3 中。

测量波长：__________；标准溶液原始浓度：__________。

③水质样品的测定，原始数据记录在表 18-4 中。

表 18-3 标准系列数据记录表

溶液号	吸取标准溶液体积/mL	质量/μg	A	$A_{校正}$
0				
1				
2				
3				
4				
5				
6				
7				
回归方程：				
相关系数：				

表 18-4 水质样品数据记录表

平行测定次数	1	2	3
吸光度（A）			
空白值（A_0）			
校正吸光度（$A_{校正}$）			
回归方程计算所得质量/μg			
原始试液浓度/（μg/mL）			
样品磷的测定结果/（mg/L）			
R_d/%			

分析人： 校对人： 审核人：

标准曲线绘制图：

18.4 出具报告

封面：

检 测 报 告 书

样品名称＿＿＿＿＿＿＿＿＿＿＿＿＿＿

被检单位＿＿＿＿＿＿＿＿＿＿＿＿＿＿

检测单位＿＿＿＿＿＿＿＿＿＿＿＿＿＿

报告日期　　年　月　日

首页及正文：

＿＿＿＿＿分析测试中心

字（20　年）第　号

共　页，第　页

样品名称＿＿＿＿＿＿＿＿＿＿＿＿＿＿　检测类别＿委托＿

被检单位＿＿＿＿＿＿＿＿＿＿＿＿＿＿　样品编号＿＿＿＿

样品类别＿＿＿＿＿　包装情况＿＿＿＿＿　收样日期＿＿＿＿

采样日期＿＿＿＿＿　采样地点＿＿＿＿＿＿＿＿＿＿＿＿＿＿

样品性状＿＿＿＿＿＿＿＿　样品数量＿＿＿＿　检测日期＿＿＿＿

检测项目＿＿＿＿＿＿＿＿＿＿＿＿＿＿＿＿＿＿＿＿＿＿＿＿＿＿

＿＿＿＿＿＿＿＿＿＿＿＿＿＿＿＿＿＿＿＿＿＿＿＿＿＿＿＿＿＿

检测结果及评价依据：

测定值：＿＿＿＿＿＿＿＿＿＿＿　评价依据：＿＿＿＿＿＿＿＿＿＿

结论及评价：

结论：＿＿＿＿＿＿＿＿＿＿＿＿　评价：＿＿＿＿＿＿＿＿＿＿＿＿

检测环境条件：＿＿＿＿　温度：＿＿＿　相对湿度：＿＿＿＿　气压：＿＿＿＿

主要检测仪器设备：

名称：＿＿＿＿＿＿＿＿　编号：＿＿＿＿＿＿　型号：＿＿＿＿＿＿

名称：＿＿＿＿＿＿＿＿　编号：＿＿＿＿＿＿　型号：＿＿＿＿＿＿

名称：＿＿＿＿＿＿＿＿　编号：＿＿＿＿＿＿　型号：＿＿＿＿＿＿

报告编制：　　　　复核：　　　　签发：

盖　章

年　月　日

18.5 实训评价

18.5.1 操作规范评分表

操作规范评分表见表 18-5。

表 18-5 操作规范评分表

序号	考核点	配分	评分标准	扣分	得分
一	仪器准备	4			
1	玻璃仪器洗涤	2	①未用蒸馏水清洗两遍以上，扣 1 分； ②玻璃仪器出现挂水珠现象，扣 1 分		
2	分光光度计预热 20 min	2	①仪器未进行预热或预热时间不够，扣 1 分； ②未切断光路预热，扣 1 分		
二	标准溶液的配制	16			
1	溶液配制过程中有关的实验操作	11	①未进行容量瓶试漏检查，扣 0.5 分； ②容量瓶、比色管加蒸馏水时未沿器壁流下或产生大量气泡，扣 0.5 分； ③蒸馏水瓶管尖接触容器，扣 0.5 分； ④加水至容量瓶约 3/4 体积时没有平摇，扣 0.5 分； ⑤容量瓶、比色管加水至近标线等待 1 min，没有等待的，扣 0.5 分； ⑥容量瓶、比色管逐滴加入蒸馏水至标线操作不当或定容不准确，扣 0.5 分； ⑦持瓶方式不正确，扣 0.5 分； ⑧容量瓶、比色管未充分混匀或中间未开塞，扣 0.5 分； ⑨对溶液使用前没有盖塞充分摇匀，扣 0.5 分； ⑩润洗方法不正确，扣 0.5 分； ⑪将移液管中过多的贮备液放回贮备液瓶中，扣 0.5 分； ⑫移液管管尖触底，扣 0.5 分； ⑬移液管出现吸空现象，扣 1 分； ⑭移液管移取标准贮备液、标准工作液、水样原液及水样稀释液前未处理管尖溶液，扣 0.5 分； ⑮移取标准贮备液、标准工作液及水样原液时未另用一烧杯调节液面，扣 0.5 分； ⑯移液管移取标准贮备液、标准工作液、水样原液及水样稀释液时，调节液面前未处理管尖部，扣 0.5 分； ⑰移液管未能一次调节至刻度，扣 1 分； ⑱移液管放液不规范，扣 1 分； ⑲取完试剂后未及时盖上试剂瓶盖，扣 0.5 分		
2	标准系列的配制	4	①贮备液未稀释，扣 1 分； ②直接在贮备液或工作液中进行相关操作，扣 1 分； ③标准工作液未贴标签或标签内容不全（包括名称、浓度、日期、配制者），扣 1 分； ④每个点移取的标准溶液应从零分度开始，出现不正确项 1 次扣 0.5 分，但不超过该项总分 4 分（工作液可放回剩余溶液的烧杯中再取液，辅助试剂可在移液管吸干后在原试剂中进行相关操作）		

序号	考核点	配分	评分标准	扣分	得分
3	水样稀释液的配制	1	直接在水样原液中进行相关操作，扣 1 分（水样稀释液在移液管吸干后可在容量瓶中进行相关操作）		
三	分光光度计使用	15			
1	测定前的准备	2	①没有进行比色皿配套性选择，或选择不当，扣 1 分； ②不能正确在 T 挡调“100%”和“0”，扣 1 分		
2	测定操作	7	①手触及比色皿透光面，扣 0.5 分； ②比色皿润洗方法不正确（须含蒸馏水洗涤、待装液润洗），扣 0.5 分； ③比色皿润洗操作不正确，扣 0.5 分； ④加入溶液高度不正确，扣 1 分； ⑤比色皿外壁溶液处理不正确，扣 1 分； ⑥比色皿盒拉杆操作不当，扣 0.5 分； ⑦重新取液测定，每出现一次扣 1 分，但不超过 4 分； ⑧不正确使用参比溶液，扣 1 分		
3	测定过程中仪器被溶液污染	2	①比色皿放在仪器表面，扣 1 分； ②比色室被洒落溶液污染，扣 0.5 分； ③比色室未及时清理干净，扣 0.5 分		
4	测定后的处理	4	①台面不清洁，扣 0.5 分； ②未取出比色皿及未洗涤，扣 1 分； ③没有倒尽控干比色皿，扣 0.5 分； ④测定结束，未做使用记录登记，扣 1 分； ⑤未关闭仪器电源，扣 1 分		
四	实验数据处理	12			
1	标准曲线取点		标准曲线取点不得少于 6 个（包含试剂空白点），否则标准曲线无效		
2	正确绘制标准曲线	5	①标准曲线坐标选取错误或比例不合理（含曲线斜率不当），扣 1 分； ②测量数据及回归方程计算结果未标在曲线中，扣 1 分； ③缺少曲线名称、坐标、箭头、符号、单位量、回归方程及数据有效位数不对，每项扣 0.5 分，但不超过 3 分		
3	试液吸光度处于要求范围内	2	水样取用量不合理致使吸光度超出要求范围或在 0 号与 1 号管测点范围内，扣 2 分		
4	原始记录	3	数据未直接填在报告单上、数据不全、有效数字位数不对、有空项，原始记录中缺少计量单位、数据更改每项扣 0.5 分，可累计扣分，但不超过该项总分 3 分		
5	有效数字运算	2	①回归方程未保留小数点后 4 位数字，扣 0.5 分； ② γ 未保留小数点后 4 位数字，扣 0.5 分； ③测量结果未保留到小数点后 2 位数字，扣 1 分		
五	文明操作	18			
1	实验室整洁	4	实验过程中台面、地面脏乱，废液处置不当，一次性扣 4 分		
2	清洗仪器、试剂等物品归位	4	实验结束后未先清洗仪器或试剂物品未归位就完成报告，一次性扣 4 分		
3	仪器损坏	6	仪器损坏，一次性扣 6 分		

序号	考核点	配分	评分标准	扣分	得分
4	试剂用量	4	每名学生均备有2倍用量的试剂，若还需添加，则一次性扣4分		
六	测定结果	35			
1	回归方程的计算	5	没有算出或计算错误回归方程的，扣5分		
2	标准曲线线性	10	①$\gamma \geqslant 0.9999$，不扣分； ②$0.9990 \leqslant \gamma \leqslant 0.9998$，扣1～9分； ③$\gamma < 0.9990$，扣10分； ④$\gamma$计算错误或未计算先扣3分，再按相关标准扣分，但不超过10分		
3	测定结果精密度	10	①$\lvert R_d \rvert \leqslant 0.5\%$，不扣分； ②$0.5\% < \lvert R_d \rvert \leqslant 1.4\%$，扣1～9分； ③$\lvert R_d \rvert > 1.4\%$，扣10分； ④精密度计算错误或未计算，扣10分； ⑤水样原液未做平行样3份，一次性扣10分（可为负分）		
4	测定结果准确度	10	①测定值在保证值±0.5%内，不扣分； ②测定值在保证值±（0.6%～1.8%），扣1～9分； ③测定值不在保证值±1.8%内，扣10分		
最终合计		100			

18.5.2 实训总体评价

实训总体评价见表 18-6。

表 18-6 实训总体评价

序号	项目内容	权重/%	自评分（50%）	小组评分（50%）	综合分
职业素养	纪律	5			
	团队精神	5			
	职业综合能力	10			
职业技能	实训准备	5			
	操作规范	50			
	数据处理	20			
	报告编制	5			
综合得分					
请根据以上打分情况，对本实训当中的工作和学习状态进行总体评述，分析自己的不足之处，描述今后的改进措施。					
教师评价：					

项目 19　校园水质分析及评价

实训目标

- **能力（技能）目标**

①掌握区域环境水质检测的全过程。

②掌握水环境中各污染因子的具体分析方法。

③掌握用环境标准评价所监测区域的水环境质量。

- **认知（知识）目标**

①掌握论文资料的检索方法。

②掌握区域水环境监测方案的制订。

③能够撰写监测报告。

- **其他（素质）目标**

①培养良好的职业道德、工作态度和责任感。

②良好的综合分析问题与解决问题能力。

③培养良好的团队协作精神。

④遵守实验室安全操作规定。

⑤遵守环境保护规定。

能力训练任务

①监测方案的制订。

②监测方案的实施。

19.1 报告实施

19.1.1 预备知识

校园水质监测是一项长期的工作，经过每届学生认真翔实地实训监测，可以积累长期的具有参考价值的资料。因此，每届学生水环境监测实训完毕，都可以进行成果总结，一方面为学校改善水质提供建设性意见和建议，另一方面对学校及周边的水环境监测积累翔实的资料，具有重要的科学价值。

19.1.2 实训准备

以项目小组形式完成，3 人 1 组。可将学校划分为教学区、实验区、宿舍区、景观区、运动区、商业区等区域，可选定区域中的全部或部分。对该区域进行监测方案的制订、监测方案的实施及撰写监测报告等。

19.1.3 实训步骤

实训步骤见表 19-1。

表 19-1 实训步骤

步 骤	内 容	要 求
监测方案的制订	①现场调查和资料收集：监测区域的给排水情况；水污染源主要污染物及排污去向和排放量；周边资源现状和水资源用途；历年水质监测资料等。 ②监测和采样点的设置：根据对监测区域的综合分析后，根据区域的划分，考虑代表性等因素，确定采样点数量。 ③采样时间和采样频率的确定：根据水质监测规范的要求，合理安排采样时间和采样频率。 ④监测因子的确定：通过资料收集和现场调查，综合分析，确定主要污染源和污染物。 ⑤分析方法的确定：根据监测对象的性质和含量范围，选择适宜的分析方法，尽量采用国家标准分析方法。 ⑥质量保证：确保质量控制和质量保证包含在监测过程的全部活动中。 ⑦结果分析与评价：所测得的数据必须进行科学的计算和处理。根据水环境的相关标准，对水质进行分析和评价，提出改善水质的合理建议和措施	
监测方案的评议	监测方案以报告的形式提交，通过以教师为组长的小组评议，方可进入下一步。否则要进行修改，直至通过小组评议	
监测方案的实施	①向实验室提交监测方案所需的实验药品、试剂及仪器。 ②实验管理人员采购。 ③正式测试前的预实验。 ④样品采集。 ⑤样品分析。 ⑥补充分析	要求分工合作，有序协调，统筹兼顾，独立完成。实验室合理安排，分组实验

步　骤	内　容	要　求
结果分析与评价	①对数据进行科学处理和统计分析； ②选取适宜的标准，对各区域进行污染评价，并给出改善建议	
监测报告	①基础资料收集（包括各种调查表）。 ②监测点位的布设（包括平面分布图）。 ③监测因子的确定。 ④分析方法的确定。 ⑤监测结果统计。 ⑥水质评价及合理化的建议（不同功能区水质数据比较，对每项指标进行认真分析）	
实训总结	项目小组以 PPT 形式，向整个评议小组进行汇报。评议小组组长由实训指导老师担任。评议小组对整个过程给出评价	

19.2 实训总体评价

实训总体评价见表 19-2。

表 19-2 实训总体评价

序号	项目内容	权重/%	自评分（50%）	小组评分（50%）	综合分
职业素养	纪律	5			
	团队精神	5			
	职业综合能力	10			
职业技能	实训准备	5			
	操作规范	50			
	报告编制	20			
	PPT 汇报	5			
综合得分					
请根据以上打分情况，对本实训当中的工作和学习状态进行总体评述，分析自己的不足之处，描述今后的改进措施。					
教师评价：					

项目20　河流富营养化监测及评价

实训目标

- **能力（技能）目标**

①掌握区域环境水质检测的全过程。

②掌握河流中污染富营养化相关因子的具体分析方法。

③掌握用适当的评价方法评价河流富营养化程度。

- **认知（知识）目标**

①掌握论文资料的检索方法。

②掌握河流相关监测方案的制订。

③掌握河流各种富营养化评价方法。

④能够撰写监测报告。

- **其他（素质）目标**

①培养良好的职业道德、工作态度和责任感。

②良好的综合分析问题与解决问题能力。

③培养良好的团队协作精神。

④遵守实验室安全操作规定。

⑤遵守环境保护规定。

能力训练任务

①监测方案的制订。

②监测方案的实施。

③监测报告的撰写。

20.1 报告实施

20.1.1 预备知识

项目结束后要注重实训成果的总结。富营养化监测及评价是一项综合项目，能充分锻炼学生的各项能力，学生需要较长时间完成该项目，通过实地调查、实验室分析、文献查找以及众多评价方法的比较等工作，能提高学生的专业能力。通过此项目长期开展积累的的数据可为河流湖泊管理和生态保护提供依据。

20.1.2 实训准备

富营养化是指生物所需的氮、磷等营养物质大量进入湖泊、河口、海湾等缓流水体，引起藻类及其他浮游生物迅速繁殖，水体溶氧量下降，鱼类及其他生物大量死亡的现象。大量死亡的水生生物沉积到湖底，被微生物分解，消耗大量的溶解氧，使水体溶解氧含量急剧降低，水质恶化，以致影响鱼类的生存，大大加速了水体的富营养化进程。当水体出现富营养化现象时，由于浮游生物大量繁殖，往往使水体呈现蓝色、红色、棕色、乳白色等，这种现象在江、河、湖泊中称为“水华”（水花），在海水中称为“赤潮”。在发生“赤潮”的水域里，一些浮游生物暴发性繁殖，使水变成红色，因此称为“赤潮”。这些藻类有恶臭、有毒，鱼不能食用。藻类遮蔽阳光，使水底水生植物因光合作用受到阻碍而死去，腐败后放出氮、磷等植物的营养物质，再供藻类利用。这样会形成恶性循环，藻类大量繁殖，水质恶化，水中缺氧，造成鱼类窒息死亡。

本项目以项目小组形式完成，3 人 1 小组。在充分调研的基础上，选择就近河流就水体富营养化状况进行监测，完成监测方案的制订、监测方案的实施及撰写监测报告等。

20.1.3 实训步骤

实训步骤见表 20-1。

表 20-1 实训步骤

步　骤	内　容	要　求
监测方案的制订	①现场调查和资料收集：监测区域的水文、气候、地质和地貌资料。水体周边和沿岸的城市分布、工业布局及其排污情况。污染源主要污染物及排污口、排污量等。 ②监测和采样点的设置：对监测区域进行综合分析后，根据区域的划分，考虑代表性、可控性、经济性、安全性等因素，确定采样点数量。 ③采样时间和采样频率的确定：根据水质监测规范的要求，合理安排采样时间和采样频率。 ④监测因子的确定：通过资料收集和现场调查、综合分析、文献查询确定评价富营养化的影响因子（透明度、总氮、总磷、DO、COD、叶绿素 A、氨氮、亚硝酸盐氮、硝酸盐氮等）。 ⑤分析方法的确定：根据监测对象的性质和含量范围，选择适宜的分析方法，尽量采用国家标准分析方法。	

步　骤	内　容	要　求
监测方案的制订	⑥质量保证：确保质量控制和质量保证包含在监测过程的全部活动中。 ⑦结果分析与评价：所测得的数据必须进行科学的计算和处理。 ⑧在充分的文献查询基础上，选取适于此条河流的富营养化评价方法（特征法、参数法、生物指标参数法、营养状况指数法、营养评价模式、数学评价法等）	
监测方案的评议	监测方案以报告的形式提交，通过以教师为组长的小组评议，方可进入下一步。否则要进行修改，直至通过小组评议	
监测方案的实施	①向实验室提交监测方案所需的实验药品、试剂及仪器。 ②实验管理人员采购。 ③正式测试前的预实验。 ④样品采集。 ⑤样品分析。 ⑥补充分析	要求分工合作，有序协调，统筹兼顾，独立完成。实验室合理安排，分组实验
结果分析与评价	①对原始数据进行科学的处理，对数据进行统计分析； ②选取适宜的评价方法，并给出改善建议	
监测报告	①基础资料收集（包括各种调查表）。 ②监测点位的布设（包括平面分布图）。 ③监测因子的确定。 ④分析方法的确定。 ⑤监测结果统计。 ⑥介绍富营养化的评价方法以及所选取的适宜方法，最后给出评价结果	
实训总结	项目小组以 PPT 形式，向整个评议小组进行汇报。评议小组组长由实训指导老师担任。评议小组对整个过程给出评价	

20.2 实训总体评价

实训总体评价见表 20-2。

表 20-2 实训总体评价

序号	项目内容	权重/%	自评分（50%）	小组评分（50%）	综合分
职业素养	纪律	5			
	团队精神	5			
	职业综合能力	10			
职业技能	实训准备	5			
	操作规范	50			
	报告编制	20			
	PPT 汇报	5			
综合得分					
请根据以上打分情况，对本实训当中的工作和学习状态进行总体评述，分析自己的不足之处，描述今后的改进措施。					
教师评价：					

附 录 篇

附录 1　地表水环境质量标准（GB 3838—2002）（节选）

表 1　地表水环境质量标准基本项目标准限值　　单位：mg/L

序号	项目　标准值　分类		Ⅰ类	Ⅱ类	Ⅲ类	Ⅳ类	Ⅴ类
1	水温/℃		人为造成的环境水温变化应限制在： 周平均最大温升≤1 周平均最大温降≤2				
2	pH（量纲一）		6～9				
3	溶解氧	≥	饱和率 90%（或 7.5）	6	5	3	2
4	高锰酸盐指数	≤	2	4	6	10	15
5	化学需氧量（COD）	≤	15	15	20	30	40
6	五日生化需氧量（BOD_5）	≤	3	3	4	6	10
7	氨氮（NH_3-N）	≤	0.15	0.5	1.0	1.5	2.0
8	总磷（以 P 计）	≤	0.02（湖、库 0.01）	0.1（湖、库 0.025）	0.2（湖、库 0.05）	0.3（湖、库 0.1）	0.4（湖、库 0.2）
9	总氮（湖、库，以 N 计）	≤	0.2	0.5	1.0	1.5	2.0
10	铜	≤	0.01	1.0	1.0	1.0	1.0
11	锌	≤	0.05	1.0	1.0	2.0	2.0
12	氟化物（以 F^-计）	≤	1.0	1.0	1.0	1.5	1.5
13	硒	≤	0.01	0.01	0.01	0.02	0.02
14	砷	≤	0.05	0.05	0.05	0.1	0.1
15	汞	≤	0.000 05	0.000 05	0.000 1	0.001	0.001
16	镉	≤	0.001	0.005	0.005	0.005	0.01
17	铬（六价）	≤	0.01	0.05	0.05	0.05	0.1
18	铅	≤	0.01	0.01	0.05	0.05	0.1
19	氰化物	≤	0.005	0.05	0.2	0.2	0.2
20	挥发酚	≤	0.002	0.002	0.005	0.01	0.1
21	石油类	≤	0.05	0.05	0.05	0.5	1.0
22	阴离子表面活性剂	≤	0.2	0.2	0.2	0.3	0.3
23	硫化物	≤	0.05	0.1	0.05	0.5	1.0
24	粪大肠菌群/（个/L）	≤	200	2 000	10 000	20 000	40 000

表 2　集中式生活饮用水地表水水源地补充项目标准限值　　单位：mg/L

序号	项目	标准值
1	硫酸盐（以 SO_4^{2-} 计）	250
2	氯化物（以 Cl^- 计）	250
3	硝酸盐（以 N 计）	10
4	铁	0.3
5	锰	0.1

表 3　集中式生活饮用水地表水水源地特定项目标准限值　　单位：mg/L

序号	项目	标准值	序号	项目	标准值
1	三氯甲烷	0.06	34	硝基氯苯⑤	0.05
2	四氯化碳	0.002	35	2,4-二硝基氯苯	0.5
3	三溴甲烷	0.1	36	2,4-二氯苯酚	0.093
4	二氯甲烷	0.02	37	2,4,6-三氯苯酚	0.2
5	1,2-二氯乙烷	0.03	38	五氯酚	0.009
6	环氧氯丙烷	0.02	39	苯胺	0.1
7	氯乙烯	0.005	40	联苯胺	0.000 2
8	1,1-二氯乙烯	0.03	41	丙烯酰胺	0.000 5
9	1,2-二氯乙烯	0.05	42	丙烯腈	0.1
10	三氯乙烯	0.07	43	邻苯二甲酸二丁酯	0.003
11	四氯乙烯	0.04	44	邻苯二甲酸二（2-乙基己基）酯	0.008
12	氯丁二烯	0.002	45	水合肼	0.01
13	六氯丁二烯	0.000 6	46	四乙基铅	0.000 1
14	苯乙烯	0.02	47	吡啶	0.2
15	甲醛	0.9	48	松节油	0.2
16	乙醛	0.05	49	苦味酸	0.5
17	丙烯醛	0.1	50	丁基黄原酸	0.005
18	三氯乙醛	0.01	51	活性氯	0.01
19	苯	0.01	52	滴滴涕	0.001
20	甲苯	0.7	53	林丹	0.002
21	乙苯	0.3	54	环氧七氯	0.000 2
22	二甲苯①	0.5	55	对硫磷	0.003
23	异丙苯	0.25	56	甲基对硫磷	0.002
24	氯苯	0.3	57	马拉硫磷	0.05
25	1,2-二氯苯	1.0	58	乐果	0.08
26	1,4-二氯苯	0.3	59	敌敌畏	0.05
27	三氯苯②	0.02	60	敌百虫	0.05
28	四氯苯③	0.02	61	内吸磷	0.03
29	六氯苯	0.05	62	百菌清	0.01
30	硝基苯	0.017	63	甲萘威	0.05
31	二硝基苯④	0.5	64	溴清菊酯	0.02
32	2,4-二硝基甲苯	0.000 3	65	阿特拉津	0.003
33	2,4,6-三硝基甲苯	0.5	66	苯并[*a*]芘	2.8×10^{-6}

序号	项目	标准值	序号	项目	标准值
67	甲基汞	$1.0×10^{-6}$	74	硼	0.5
68	多氯联苯[⑥]	$2.0×10^{-5}$	75	锑	0.005
69	微囊藻毒素-LR	0.001	76	镍	0.02
70	黄磷	0.003	77	钡	0.7
71	钼	0.07	78	钒	0.05
72	钴	1.0	79	钛	0.1
73	铍	0.002	80	铊	0.000 1

注：①二甲苯：指对-二甲苯、间-二甲苯、邻-二甲苯。

②三氯苯：指 1,2,3-三氯苯、1,2,4-三氯苯、1,3,5-三氯苯。

③四氯苯：指 1,2,3,4-四氯苯、1,2,3,5-四氯苯、1,2,4,5-四氯苯。

④二硝基苯：指对-二硝基苯、间-硝基氯苯、邻-硝基氯苯。

⑤多氯联苯：指 PCB-1016、PCB-1221、PCB-1232、PCB-1242、PCB-1248、PCB-1254、PCB-1260。

表 4　地表水环境质量标准基本项目分析方法

序号	项目	分析方法	最低检出限/（mg/L）	方法来源
1	水温	温度计法	—	GB 13195—91
2	pH	玻璃电极法	—	GB 6920—86
3	溶解氧	碘量法	0.2	GB 7489—87
		电化学探头法	—	GB 11913—89
4	高锰酸盐指数	—	0.5	GB 11892—89
5	化学需氧量	—	10	GB 11914—89
6	五日生化需氧量	—	2	GB 7488—87
7	氨氮	纳氏试剂比色法	0.05	GB 7479—87
		水杨酸分光光度法	0.01	GB 7481—87
8	总磷	钼酸氨分光光度法	0.01	GB 11893—89
9	总氮	碱性过硫酸钾消解紫外分光光度法	0.05	GB 11894—89
10	铜	2,9-二甲基-1,10-菲啰啉分光光度法	0.06	GB 7473—87
		二乙基二硫代氨基甲酸钠分光光度法	0.010	GB 7474—87
		原子吸收分光光度法（螯合萃取法）	0.001	GB 7475—87
11	锌	原子吸收分光光度法	0.05	GB 7475—87
12	氟化物	氟试剂分光光度法	0.05	GB 7483—87
		离子选择电极法	0.05	GB 7484—87
		离子色谱法	0.02	HJ/T 84—2001
13	硒	2,3-二氮基萘荧光法	0.000 25	GB 11902—89
		石墨炉原子吸收分光光度法	0.003	GB/T 15505—1995
14	砷	二乙基二硫代氨基甲酸银分光光度法	0.007	GB 7485—87
		冷原子荧光法	0.000 06	1）
15	汞	冷原子吸收分光光度法	0.000 05	GB 7486—87
		冷原子荧光法	0.000 05	1）

序号	项目	分析方法	最低检出限/（mg/L）	方法来源
16	镉	原子吸收分光光度法（螯合萃取法）	0.001	GB 7475—87
17	铬（六价）	二苯碳酰二肼分光光度法	0.004	GB 7467—87
18	铅	原子吸收分光光度法（螯合萃取法）	0.01	GB 7475—87
19	氰化物	异烟酸-吡唑啉酮比色法	0.004	GB 7487—87
		吡啶-巴比妥酸比色法	0.002	
20	挥发酚	蒸馏后4-氨基安替比林分光光度法	0.002	GB 7490—87
21	石油类	红外分光光度法	0.01	GB/T 16488—1996
22	阴离子表面活性剂	亚甲蓝分光光度法	0.05	GB 7494—87
23	硫化物	亚甲基蓝分光光度法	0.005	GB/T 16489—1996
		直接显色分光光度法	0.004	GB/T 17133—1997
24	粪大肠菌群	多管发酵法、滤膜法	—	1）

注：暂采用下列分析方法，待国家方法标准公布后，执行国家标准。

1）《水和废水监测分析方法（第三版）》，中国环境科学出版社，1989。

表5　集中式生活饮用水地表水水源地补充项目分析方法

序号	项目	分析方法	最低检出限/（mg/L）	方法来源
1	硫酸盐	重量法	10	GB 11899—89
		火焰原子吸收分光光度法	0.4	GB 13196—91
		铬酸钡光度法	8	1）
		离子色谱法	0.09	HJ/T 84—2001
2	氯化物	硝酸银滴定法	10	GB 11896—89
		硝酸汞滴定法	2.5	1）
		离子色谱法	0.02	HJ/T 84—2001
3	硝酸盐	酚二磺酸分光光度法	0.02	GB 7480—87
		紫外分光光度法	0.08	1）
		离子色谱法	0.08	HJ/T 84—2001
4	铁	火焰原子吸收分光光度法	0.03	GB 11911—89
		邻菲啰啉分光光度法	0.03	1）
5	锰	高碘酸甲分光光度法	0.02	GB 11906—89
		火焰原子吸收分光光度法	0.01	GB 11911—89
		甲醛肟光度法	0.01	1）

注：暂采用下列分析方法，待国家方法标准发布后，执行国家标准。

1）《水和废水监测分析方法（第三版）》，中国环境科学出版社，1989。

表6　集中式生活饮用水地表水水源地特定项目分析方法

序号	项目	分析方法	最低检出限/（mg/L）	方法来源
1	三氯甲烷	顶空气相色谱法	0.000 3	GB/T 17130—1997
		气相色谱法	0.000 6	2）
2	四氯化碳	顶空气相色谱法	0.000 05	GB/T 17130—1997
		气相色谱法	0.000 3	2）
3	三溴甲烷	顶空气相色谱法	0.001	GB/T 17130—1997
		气相色谱法	0.006	2）
4	二氯甲烷	顶空气相色谱法	0.008 7	2）
5	1,2-二氯乙烷	顶空气相色谱法	0.012 5	2）
6	环氧氯丙烷	气相色谱法	0.02	2）
7	氯乙烯	气相色谱法	0.001	2）
8	1,1-二氯乙烯	吹出捕集气相色谱法	0.000 018	2）
9	1,2-二氯乙烯	吹出捕集气相色谱法	0.000 012	2）
10	三氯乙烯	顶空气相色谱法	0.000 5	GB/T 17130—1997
		气相色谱法	0.003	2）
11	四氯乙烯	顶空气相色谱法	0.000 2	GB/T 17130—1997
		气相色谱法	0.001 2	2）
12	氯丁二烯	顶空气相色谱法	0.002	2）
13	六氯丁二烯	气相色谱法	0.000 02	2）
14	苯乙烯	气相色谱法	0.01	2）
15	甲醛	乙酰丙酮分光光度法	0.05	GB/T 17130—1997
		4-氨基-3-联氨-5-巯基-1,2,4-三氮杂茂（AHMT）分光光度法	0.05	2）
16	乙醛	气相色谱法	0.24	2）
17	丙烯醛	气相色谱法	0.019	2）
18	三氯乙醛	气相色谱法	0.001	2）
19	苯	液上气相色谱法	0.005	GB 11890—89
		顶空气相色谱法	0.000 42	2）
20	甲苯	液上气相色谱法	0.005	GB 11890—89
		二硫化碳萃取气相色谱法	0.05	
		气相色谱法	0.01	2）
21	乙苯	液上气相色谱法	0.005	GB 11890—89
		二硫化碳萃取气相色谱法	0.05	
		气相色谱法	0.01	2）
22	二甲苯	液上气相色谱法	0.005	GB 11890—89
		二硫化碳萃取气相色谱法	0.05	
		气相色谱法	0.01	2）
23	异丙苯	顶空气相色谱法	0.003 2	2）
24	氯苯	气相色谱法	0.01	HJ/T 74—2001
25	1,2-二氯苯	气相色谱法	0.002	GB/T 17131—1997

序号	项目	分析方法	最低检出限/（mg/L）	方法来源
26	1,4-二氯苯	气相色谱法	0.005	GB/T 17131—1997
27	三氯苯	气相色谱法	0.000 04	2）
28	四氯苯	气相色谱法	0.000 02	2）
29	六氯苯	气相色谱法	0.000 02	2）
30	硝基苯	气相色谱法	0.000 2	GB 13194—91
31	二硝基苯	气相色谱法	0.2	2）
32	2,4-二硝基甲苯	气相色谱法	0.000 3	GB 13194—91
33	2,4,6-三硝基甲苯	气相色谱法	0.1	2）
34	硝基氯苯	气相色谱法	0.000 2	GB 13194—91
35	2,4-二硝基氯苯	气相色谱法	0.1	2）
36	2,4-二氯苯酚	电子捕获-毛细色谱法	0.000 4	2）
37	2,4,6-三氯苯酚	电子捕获-毛细色谱法	0.000 04	2）
38	五氯酚	气相色谱法	0.000 04	GB 8972—88
		电子捕获-毛细色谱法	0.000 024	2）
39	苯胺	气相色谱法	0.002	2）
40	联苯胺	气相色谱法	0.000 2	3）
41	丙烯酰胺	气相色谱法	0.000 15	2）
42	丙烯腈	气相色谱法	0.10	2）
43	邻苯二甲酸二丁酯	液相色谱法	0.000 1	HJ/T 72—2001
44	邻苯二甲酸二（2-乙基己基）酯	气相色谱法	0.000 4	2）
45	水合肼	对二甲氨基苯甲醛直接分光光度法	0.005	2）
46	四乙基铅	双硫腙比色法	0.000 1	2）
47	吡啶	气相色谱法	0.031	GB/T 14672—93
		巴比土酸分光光度法	0.05	2）
48	松节油	气相色谱法	0.02	2）
49	苦味酸	气相色谱法	0.001	2）
50	丁基黄原酸	铜试剂亚铜分光光度法	0.002	2）
51	活性氯	*N*,*N*-二乙基对苯二胺（PDP）分光光度法	0.01	2）
		3,3′,5,5′-四甲基联苯胺比色法	0.005	2）
52	滴滴涕	气相色谱法	0.000 2	GB 7492—87
53	林丹	气相色谱法	4×10^{-6}	GB 7492—87
54	环氧七氯	液液萃取气相色谱法	0.000 083	2）
55	对硫磷	气相色谱法	0.000 54	GB 13192—91
56	甲基对硫磷	气相色谱法	0.000 42	GB 13192—91
57	马拉硫磷	气相色谱法	0.000 64	GB 13192—91
58	乐果	气相色谱法	0.000 57	GB 13192—91
59	敌敌畏	气相色谱法	0.000 06	GB 13192—91
60	敌百虫	气相色谱法	0.000 051	GB 13192—91
61	内吸磷	气相色谱法	0.002 5	2）
62	百菌清	气相色谱法	0.000 4	2）

序号	项目	分析方法	最低检出限/（mg/L）	方法来源
63	甲萘威	高效液相色谱法	0.01	2）
64	溴清菊酯	气相色谱法	0.000 2	2）
		高效液相色谱法	0.002	2）
65	阿特拉津	气相色谱法	—	3）
66	苯并[*a*]芘	乙酰化滤纸层析荧光分光光度法	4×10^{-6}	GB 11895—89
		高效液相色谱法	1×10^{-6}	GB 13198—91
67	甲基汞	气相色谱法	1×10^{-8}	GB/T 17132—1997
68	多氯联苯	气相色谱法	—	3）
69	微囊藻毒素-LR	高效液相色谱法	0.000 01	2）
70	黄磷	钼-锑-抗分光光度法	0.002 5	2）
71	钼	无火焰原子吸收分光光度法	0.002 31	2）
72	钴	无火焰原子吸收分光光度法	0.001 91	2）
73	铍	铬菁 R 分光光度法	0.000 2	HJ/T 58—2000
		石墨炉原子吸收分光光度法	0.000 02	HJ/T 59—2000
		桑色素荧光分光光度法	0.000 2	2）
74	硼	姜黄素分光光度法	0.02	HJ/T 49—1999
		甲亚胺-H 分光光度法	0.2	2）
75	锑	氢化原子吸收分光光度法	0.000 25	2）
76	镍	无火焰原子吸收分光光度法	0.002 48	2）
77	钡	无火焰原子吸收分光光度法	0.006 18	2）
78	钒	钽试剂（BPHA）萃取分光光度法	0.018	GB/T 15503—1995
		无火焰原子吸收分光光度法	0.006 98	2）
79	钛	催化示波极谱法	0.000 4	2）
		水杨基荧光酮分光光度法	0.02	2）
80	铊	无火焰原子吸收分光光度法	1×10^{-6}	2）

注：暂采用下列分析方法，国家标准发布后，执行国家标准。

1）《水和废水监测分析方法（第三版）》，中国环境科学出版社，1989。

2）《生活饮用水卫生规范》，中华人民共和国卫生部，2001。

3）《水和废水标准检验法（第 15 版）》，中国建筑工业出版社，1985。

附录 2　污水综合排放标准（GB 8978—1996）（节选）

表 1　第一类污染物最高允许排放浓度　　单位：mg/L

序号	污染物	最高允许排放浓度
1	总汞	0.05
2	烷基汞	不得检出
3	总镉	0.1
4	总铬	1.5
5	六价铬	0.5
6	总砷	0.5
7	总铅	1.0
8	总镍	1.0
9	苯并[*a*]芘	0.000 03
10	总铍	0.005
11	总银	0.5
12	总α放射性	1 Bq/L
13	总β放射性	10 Bq/L

表 2　第二类污染物最高允许排放浓度

（1997 年 12 月 31 日之前建设的单位）　　单位：mg/L

序号	污染物	适用范围	一级标准	二级标准	三级标准
1	pH	一切排污单位	6～9	6～9	6～9
2	色度（稀释倍数）	染料工业	50	180	—
		其他排污单位	50	80	—
3	悬浮物（SS）	采矿、选矿、选煤工业	100	300	—
		脉金选矿	100	500	—
		边远地区砂金选矿	100	800	—
		城镇二级污水处理厂	20	30	—
		其他排污单位	70	200	400
4	五日生化需氧量（BOD_5）	甘蔗制糖、苎麻脱胶、湿法纤维板工业	30	100	600
		甜菜制糖、酒精、味精、皮革、化纤浆粕工业	30	150	600
		城镇二级污水处理厂	20	30	—
		其他排污单位	30	60	300

序号	污染物	适用范围	一级标准	二级标准	三级标准
5	化学需氧量（COD）	甜菜制糖、焦化、合成脂肪酸、湿法纤维板、染料、洗毛、有机磷农药工业	100	200	1 000
		味精、酒精、医药原料药、生物制药、苎麻脱胶、皮革、化纤浆粕工业	100	300	1 000
		石油化工工业（包括石油炼制）	100	150	500
		城镇二级污水处理厂	60	120	—
		其他排污单位	100	150	500
6	石油类	一切排污单位	10	10	30
7	动植物油	一切排污单位	20	20	100
8	挥发酚	一切排污单位	0.5	0.5	2.0
9	总氰化合物	电影洗片（铁氰化合物）	0.5	5.0	5.0
		其他排污单位	0.5	0.5	1.0
10	硫化物	一切排污单位	1.0	1.0	2.0
11	氨氮	医药原料药、染料、石油化工工业	15	50	—
		其他排污单位	15	25	—
12	氟化物	黄磷工业	10	20	20
		低氟地区（水体含氟量＜0.5 mg/L）	10	20	30
		其他排污单位	10	10	20
13	磷酸盐（以P计）	一切排污单位	0.5	1.0	—
14	甲醛	一切排污单位	1.0	2.0	5.0
15	苯胺类	一切排污单位	1.0	2.0	5.0
16	硝基苯类	一切排污单位	2.0	3.0	5.0
17	阴离子表面活性剂（LAS）	合成洗涤剂工业	5.0	15	20
		其他排污单位	5.0	10	20
18	总铜	一切排污单位	0.5	1.0	2.0
19	总锌	一切排污单位	2.0	5.0	5.0
20	总锰	合成脂肪酸工业	2.0	5.0	5.0
		其他排污单位	2.0	2.0	5.0
21	彩色显影剂	电影洗片	2.0	3.0	5.0
22	显影剂及氧化物总量	电影洗片	3.0	6.0	6.0
23	元素磷	一切排污单位	0.1	0.3	0.3
24	有机磷农药（以P计）	一切排污单位	不得检出	0.5	0.5
25	粪大肠菌群数	医院*、兽医院及医疗机构含病原体污水	500 个/L	1 000 个/L	5 000 个/L
		传染病、结核病医院污水	100 个/L	500 个/L	1 000 个/L
26	总余氯（采用氯化消毒的医院污水）	医院*、兽医院及医疗机构含病原体污水	＜0.5**	＞3（接触时间≥1 h）	＞2（接触时间≥1 h）
		传染病、结核病医院污水	＜0.5**	＞6.5（接触时间≥1.5 h）	＞5（接触时间≥1.5 h）

注：*指 50 个床位以上的医院；
**加氯消毒后须进行脱氯处理，达到本标准。

表3 部分行业最高允许排水量

（1997年12月31日之前建设的单位）

序号	行业类别			最高允许排水量或最低允许水重复利用率
1	矿山工业	有色金属系统选矿		水重复利用率75%
		其他矿山工业采矿、选矿、选煤等		水重复利用率90%（选煤）
		脉金选矿	重选	16.0 m^3/t（矿石）
			浮选	9.0 m^3/t（矿石）
			氰化	8.0 m^3/t（矿石）
			碳浆	8.0 m^3/t（矿石）
2	焦化企业（煤气厂）			1.2 m^3/t（焦炭）
3	有色金属冶炼及金属加工			水重复利用率80%
4	石油炼制工业（不包括直排水炼油厂） 加工深度分类： A．燃料型炼油 B．燃料+润滑油型炼油厂 C．燃料+润滑油型+炼油化工型炼油厂 （包括加工高含硫原油页岩油和石油添加剂生产基地的炼油厂）			A：>500万t，1.0 m^3/t（原油） 250万～500万t，1.2 m^3/t（原油） <250万t，1.5 m^3/t（原油）
				B：>500万t，1.5 m^3/t（原油） 250万～500万t，2.0 m^3/t（原油） <250万t，2.0 m^3/t（原油）
				C：>500万t，2.0 m^3/t（原油） 250万～500万t，2.5 m^3/t（原油） <250万t，2.5 m^3/t（原油）
5	合成洗涤剂工业		氯化法生产烷基苯	200.0 m^3/t（烷基苯）
			裂解法生产烷基苯	70.0 m^3/t（烷基苯）
			烷基苯生产合成洗涤剂	10.0 m^3/t（产品）
6	合成脂肪酸工业			200.0 m^3/t（产品）
7	湿法生产纤维板工业			30.0 m^3/t（板）
8	制糖工业		甘蔗制糖	10.0 m^3/t（甘蔗）
			甜菜制糖	4.0 m^3/t（甜菜）
9	皮革工业		猪盐湿皮	60.0 m^3/t（原皮）
			牛干皮	100.0 m^3/t（原皮）
			羊干皮	150.0 m^3/t（原皮）
10	发酵酿造工业	酒精工业	以玉米为原料	150.0 m^3/t（酒精）
			以薯类为原料	100 m^3/t（酒精）
			以糖蜜为原料	80.0 m^3/t（酒）
		味精工业		600.0 m^3/t（味精）
		啤酒工业（排水量不包括麦芽水部分）		16.0 m^3/t（啤酒）
11	铬盐工业			5.0 m^3/t（产品）
12	硫酸工业（水洗法）			15.0 m^3/t（硫酸）
13	苎麻脱胶工业			500 m^3/t（原麻）或750 m^3/t（精干麻）
14	化纤浆粕			本色：150 m^3/t（浆） 漂白：240 m^3/t（浆）

序号	行业类别		最高允许排水量或 最低允许水重复利用率
15	黏胶纤维工业（单纯纤维）	短纤维（棉型中长纤维、毛型中长纤维）	300 m^3/t（纤维）
		长纤维	800 m^3/t（纤维）
16	铁路货车洗刷		5.0 m^3/辆
17	电影洗片		5 m^3/1 000 m（35 mm 的胶片）
18	石油沥青工业		冷却池的水循环利用率 95%

表 4　第二类污染物最高允许排放浓度

（1998 年 1 月 1 日后建设的单位）　　单位：mg/L

序号	污染物	适用范围	一级标准	二级标准	三级标准
1	pH	一切排污单位	6～9	6～9	6～9
2	色度（稀释倍数）	一切排污单位	50	80	—
3	悬浮物（SS）	采矿、选矿、选煤工业	70	300	—
		脉金选矿	70	400	—
		边远地区砂金选矿	70	800	—
		城镇二级污水处理厂	20	30	—
		其他排污单位	70	150	400
4	五日生化需氧量（BOD_5）	甘蔗制糖、苎麻脱胶、湿法纤维板、染料、洗毛工业	20	60	600
		甜菜制糖、酒精、味精、皮革、化纤浆粕工业	20	100	600
		城镇二级污水处理厂	20	30	—
		其他排污单位	20	30	300
5	化学需氧量（COD）	甜菜制糖、合成脂肪酸、湿法纤维板、染料、洗毛、有机磷农药工业	100	200	1 000
		味精、酒精、医药原料药、生物制药、苎麻脱胶、皮革、化纤浆粕工业	100	300	1 000
		石油化工工业（包括石油炼制）	60	120	—
		城镇二级污水处理厂	60	120	500
		其他排污单位	100	150	500
6	石油类	一切排污单位	5	10	20
7	动植物油	一切排污单位	10	15	100
8	挥发酚	一切排污单位	0.5	0.5	2.0
9	总氰化合物	一切排污单位	0.5	0.5	1.0
10	硫化物	一切排污单位	1.0	1.0	1.0
11	氨氮	医药原料药、染料、石油化工工业	15	50	—
		其他排污单位	15	25	—
12	氟化物	黄磷工业	10	15	20
		低氟地区（水体含氟量＜0.5 mg/L）	10	20	30
		其他排污单位	10	10	20

序号	污染物	适用范围	一级标准	二级标准	三级标准
13	磷酸盐（以P计）	一切排污单位	0.5	1.0	—
14	甲醛	一切排污单位	1.0	2.0	5.0
15	苯胺类	一切排污单位	1.0	2.0	5.0
16	硝基苯类	一切排污单位	2.0	3.0	5.0
17	阴离子表面活性剂（LAS）	一切排污单位	5.0	10	20
18	总铜	一切排污单位	0.5	1.0	2.0
19	总锌	一切排污单位	2.0	5.0	5.0
20	总锰	合成脂肪酸工业	2.0	5.0	5.0
		其他排污单位	2.0	2.0	5.0
21	彩色显影剂	电影洗片	1.0	2.0	3.0
22	显影剂及氧化物总量	电影洗片	3.0	3.0	6.0
23	元素磷	一切排污单位	0.1	0.1	0.3
24	有机磷农药（以P计）	一切排污单位	不得检出	0.5	0.5
25	乐果	一切排污单位	不得检出	1.0	2.0
26	对硫磷	一切排污单位	不得检出	1.0	2.0
27	甲基对硫磷	一切排污单位	不得检出	1.0	2.0
28	马拉硫磷	一切排污单位	不得检出	5.0	10
29	五氯酚及五氯酚钠（以五氯酚计）	一切排污单位	5.0	8.0	10
30	可吸附有机卤化物（AOX）（以Cl计）	一切排污单位	1.0	5.0	8.0
31	三氯甲烷	一切排污单位	0.3	0.6	1.0
32	四氯化碳	一切排污单位	0.03	0.06	0.5
33	三氯乙烯	一切排污单位	0.3	0.6	1.0
34	四氯乙烯	一切排污单位	0.1	0.2	0.5
35	苯	一切排污单位	0.1	0.2	0.5
36	甲苯	一切排污单位	0.1	0.2	0.5
37	乙苯	一切排污单位	0.4	0.6	1.0
38	邻-二甲苯	一切排污单位	0.4	0.6	1.0
39	对-二甲苯	一切排污单位	0.4	0.6	1.0
40	间-二甲苯	一切排污单位	0.4	0.6	1.0
41	氯苯	一切排污单位	0.2	0.4	1.0
42	邻-二氯苯	一切排污单位	0.4	0.6	1.0
43	对-二氯苯	一切排污单位	0.4	0.6	1.0
44	对-硝基氯苯	一切排污单位	0.5	1.0	5.0
45	2,4-二硝基氯苯	一切排污单位	0.5	1.0	5.0
46	苯酚	一切排污单位	0.3	0.4	1.0
47	间-甲酚	一切排污单位	0.1	0.2	0.5
48	2,4-二氯酚	一切排污单位	0.6	0.8	1.0
49	2,4,6-三氯酚	一切排污单位	0.6	0.8	1.0
50	邻苯二甲酸二丁酯	一切排污单位	0.2	0.4	2.0

序号	污染物	适用范围	一级标准	二级标准	三级标准
51	邻苯二甲酸二辛酯	一切排污单位	0.3	0.6	2.0
52	丙烯腈	一切排污单位	2.0	5.0	5.0
53	总硒	一切排污单位	0.1	0.2	0.5
54	粪大肠菌群数	医院*、兽医院及医疗机构含病原体污水	500 个/L	1 000 个/L	5 000 个/L
		传染病、结核病医院污水	100 个/L	500 个/L	1 000 个/L
55	总余氯（采用氯化消毒的医院污水）	医院*、兽医院及医疗机构含病原体污水	＜0.5**	＞3（接触时间≥1 h）	＞2（接触时间≥1 h）
		传染病、结核病医院污水	＜0.5**	＞6.5（接触时间≥1.5 h）	＞5（接触时间≥1.5 h）
56	总有机碳（TOC）	合成脂肪酸工业	20	40	—
		苎麻脱胶工业	20	60	—
		其他排污单位	20	30	—

注：其他排污单位：指除在该控制项目中所列行业以外的一切排污单位。

* 指 50 个床位以上的医院。

** 加氯消毒后须进行脱氯处理，达到本标准。

表 5　部分行业最高允许排水量

（1998 年 1 月 1 日后建设的单位）

序号	行业类别				最高允许排水量或最低允许排水重复利用率
1	矿山工业	有色金属系统选矿			水重复利用率 75%
		其他矿山工业采矿、选矿、选煤等			水重复利用率 90%（选煤）
		脉金选矿	重选		16.0 m^3/t（矿石）
			浮选		9.0 m^3/t（矿石）
			氰化		8.0 m^3/t（矿石）
			碳浆		8.0 m^3/t（矿石）
2	焦化企业（煤气厂）				1.2 m^3/t（焦炭）
3	有色金属冶炼及金属加工				水重复利用率 80%
4	石油炼制工业（不包括直排水炼油厂） 加工深度分类： A．燃料型炼油厂 B．燃料＋润滑油型炼油厂 C．燃料＋润滑油型＋炼油化工型炼油厂 （包括加工高含硫原油页岩油和石油添加剂生产基地的炼油厂）			A	＞500 万 t，1.0 m^3/t（原油） 250 万～500 万 t，1.2 m^3/t（原油） ＜250 万 t，1.5 m^3/t（原油）
				B	＞500 万 t，1.5 m^3/t（原油） 250 万～500 万 t，2.0 m^3/t（原油） ＜250 万 t，2.0 m^3/t（原油）
				C	＞500 万 t，2.0 m^3/t（原油） 250 万～500 万 t，2.5 m^3/t（原油） ＜250 万 t，2.5 m^3/t（原油）
5	合成洗涤剂工业	氯化法生产烷基苯			200.0 m^3/t（烷基苯）
		裂解法生产烷基苯			70.0 m^3/t（烷基苯）
		烷基苯生产合成洗涤剂			10.0 m^3/t（产品）
6	合成脂肪酸工业				200.0 m^3/t（产品）
7	湿法生产纤维板工业				30.0 m^3/t（板）

序号	行业类别			最高允许排水量或 最低允许排水重复利用率
8	制糖工业	甘蔗制糖		10.0 m^3/t
		甜菜制糖		4.0 m^3/t
9	皮革工业	猪盐湿皮		60.0 m^3/t
		牛干皮		100.0 m^3/t
		羊干皮		150.0 m^3/t
10	发酵、酿造工业	酒精工业	以玉米为原料	100.0 m^3/t
			以薯类为原料	80.0 m^3/t
			以糖蜜为原料	70.0 m^3/t
		味精工业		600.0 m^3/t
		啤酒行业 （排水量不包括麦芽水部分）		16.0 m^3/t
11	铬盐工业			5.0 m^3/t（产品）
12	硫酸工业（水洗法）			15.0 m^3/t（硫酸）
13	苎麻脱胶工业			500 m^3/t（原麻）
				750 m^3/t（精干麻）
14	黏胶纤维工业单纯纤维	短纤维 （棉型中长纤维、毛型中长纤维）		300.0 m^3/t（纤维）
		长纤维		800.0 m^3/t（纤维）
15	化纤浆粕			本色：150 m^3/t（浆） 漂白：240 m^3/t（浆）
16	制药工业医药原料药	青霉素		4 700 m^3/t（氰霉素）
		链霉素		1 450 m^3/t（链霉素）
		土霉素		1 300 m^3/t（土霉素）
		四环素		1 900 m^3/t（四环素）
		洁霉素		9 200 m^3/t（洁霉素）
		金霉素		3 000 m^3/t（金霉素）
		庆大霉素		20 400 m^3/t（庆大霉素）
		维生素 C		1 200 m^3/t（维生素 C）
		氯霉素		2 700 m^3/t（氯霉素）
		新诺明		2 000 m^3/t（新诺明）
		维生素 B1		3 400 m^3/t（维生素 B1）
		安乃近		180 m^3/t（安乃近）
		非那西汀		750 m^3/t（非那西汀）
		呋喃唑酮		2 400 m^3/t（呋喃唑酮）
		咖啡因		1 200 m^3/t（咖啡因）
17	有机磷农药工业	乐果**		700 m^3/t（产品）
		甲基对硫磷（水相法）**		300 m^3/t（产品）
		对硫磷（P_2S_5 法）**		500 m^3/t（产品）
		对硫磷（$PSCl_3$ 法）**		550 m^3/t（产品）
		敌敌畏（敌百虫碱解法）		200 m^3/t（产品）
		敌百虫		40 m^3/t（产品） （不包括三氯乙醛生产废水）
		马拉硫磷		700 m^3/t（产品）

序号	行业类别		最高允许排水量或 最低允许排水重复利用率
18	除草剂工业	除草醚	5 m^3/t（产品）
		五氯酚钠	2 m^3/t（产品）
		五氯酚	4 m^3/t（产品）
		二甲四氯	14 m^3/t（产品）
		2,4-D	4 m^3/t（产品）
		丁草胺	4.5 m^3/t（产品）
		绿麦隆（以 Fe 粉还原）	2 m^3/t（产品）
		绿麦隆（以 Na_2S 还原）	3 m^3/t（产品）
19	火力发电工业		3.5 m^3（MW·h）
20	铁路货车洗刷		5.0 m^3/辆
21	电影洗片		5 m^3/1 000 m（35 mm 胶片）
22	石油沥青工业		冷却池的水循环利用率为 95%

注：* 产品按 100%浓度计；

** 不包括 P_2S_5、$PSCl_3$、PCl_3 原料生产废水。

附录3 水环境监测实验室安全技术导则（SL/Z 390—2007）（节选）

1 总则

1.1.1 为防止发生职业性疾病、人身伤害、火灾、车船事故及其他造成国家或集体财产损失的事故，保护水环境监测工作者的健康及国家财产安全，制定本标准。

1.1.2 本标准适用于水环境监测实验室内与野外作业的安全保障。

1.1.3 下列标准中的条款通过本标准的引用而成为本标准的条款。

《常用危险化学品的分类及标志》（GB 13690）

《化学品安全标签编写规定》（GB 15258）

《常用化学危险品贮存通则》（GB 15603）

《瓶装压缩气体分类》（GB 16163）

《呼吸防护用品的选择、使用与维护》（GB/T 18664）

《职业健康安全管理体系规范》（GB/T 28001）

1.1.4 水环境监测工作的安全保障除应符合本标准外，尚应符合国家现行有关标准的规定。

2 安全组织和管理

2.1 安全组织管理体系

2.1.1 水环境监测部门应建立并保持安全组织管理体系，管理体系的建立可参照GB/T 28001。

2.1.2 除机构负责人和实验室负责人以外，每个实验室应设安全员，负责实验室的各项安全保障工作。

2.2 安全规章制度、安全方针

2.2.1 水环境监测部门应根据具体情况制定和完善各项安全规章制度，实验室工作条件、工作环境发生变化时，应及时对安全规章制度进行修改或再版。

2.2.2 安全方针应清楚阐明实验室安全总目标和改进实验室安全绩效的承诺。

2.2.3 应定期对水环境监测相关场所进行安全检查，安全检查内容可按附录A执行。

2.2.4 可通过召开安全会议、张贴安全宣传画、发放与安全主题相关的文字资料和影视资料等方式推动安全工作的开展。

2.3 人员职责

2.3.1 机构负责人应承担以下职责：

1 贯彻上级安全管理规定。

2 为实施、控制和改进水质监测安全管理提供必要的资源。

3 制定相关的安全规章制度，确保所有危险环境得到有效控制。

4 定期对安全组织管理体系进行评审或检查，以确保体系的持续适宜性、充分性和有效性。

2.3.2 实验室负责人应承担以下职责：

1 执行上级安全管理规定，监督检定有关的各项活动。

2 对排除危险提供建议和技术帮助。

3 向工作人员宣传有关水环境监测的安全管理规定及处置措施。

4 向上级有关部门汇报工作事故。

5 负责所有实验室工作人员相应的安全知识培训。

2.3.3 安全员应承担以下职责：

1 执行上级安全管理规定，检查实验室与上级安全管理规定的一致性。

2 协助实验室负责人监督执行相关的安全规章制度。

3 负责标明所有危险工作场所的警示标志。

4 听取实验室工作人员对安全问题的意见和建议，收集有关实验室安全问题的所有信息。

5 报告与工作有关的安全危险信息，参与工作人员安全培训。

2.3.4 工作人员应承担以下职责：

1 实验室工作人员应了解所从事工作的相关安全与卫生标准规定，遵守各项安全规章制度。

2 保证按照工作程序完成承担的任务。

3 按规定正确使用个人防护用品和安全设备。

4 采取合理方法，消除或减少工作场所的不安全因素。

5 向上级或安全员反映有关安全方面的问题、意见或建议。

6 参加安全技术培训，掌握所从事工作的相关安全与卫生防护知识。

2.4 人员权利

2.4.1 单位应每年组织实验室工作人员进行有关的身体检查。

2.4.2 因工作中不安全因素造成伤害或疾病的人员，应获得相应的检查、治疗和赔偿。

2.5 安全培训

2.5.1 员工安全培训应达到以下目标：

1 能充分意识到安全管理的重要性。

2 识别工作活动中存在的或潜在的危害及偏离规定的安全规程的潜在后果。

3 获得实验室健康及安全的知识。

4 能应用安全知识于实践。

2.5.2 实验室安全培训应包括以下内容：

1 相关的法律法规和技术标准。

2 实验室安全规章制度。

3 关于化学品分类、加贴标签以及安全使用的常识。

4 危险源的识别及排除。

5 运行程序偏离规定的严重后果。

6 个人防护用品及安全设施的选择、保养和使用。

7 废弃物处理、火情处理以及紧急情况和急救措施的培训及必要时的再培训。

2.6 安全记录

2.6.1 水环境监测工作过程中，应建立和保存安全记录。

2.6.2 安全记录可遵循以下规定：

1 报告记录应字迹清楚，标识明确，并可追溯相关的事故。

2 记录应包含发生的原因及预防该类事故再次发生应采取的措施。

3 记录的保存和管理应便于查阅，避免损坏、变质或遗失。

4 应规定保存期限。

2.6.3 安全事故报告和处理方式应按国家有关政策法规执行。

2.7 记录的安全保密

2.7.1 水环境监测部门按其职责范围，对已完成的监测与质量活动，应按照规定的记录格式认真记录，并应定期整理和收集。

2.7.2 记录经整理后，应及时交档案管理人员存档，并应认真履行交接手续；保存的记录如超过保存期，应按规定的程序进行销毁处理。

2.7.3 记录应存放在指定场所，存放记录的场所应干燥整洁，具有防盗、防火设施，室内应严禁吸烟或存放易燃易爆物品；外来人员未经许可不应进入。

2.7.4 本部门员工因工作需要借阅、复制记录的应经实验室负责人批准。

2.7.5 外单位人员不宜借阅和复制记录，确因需要应经实验室负责人批准。

2.7.6 借阅、复制记录应办理登记手续，借阅人不应泄密和转移借阅，不应在记录上涂改、划线等，阅后应及时交还保管人员。

2.7.7 借阅人员未经许可不应复制、摘抄或将记录带离指定场所；不应查阅审批以外的其他无关记录。

2.7.8 电子记录的安全保密应符合以下规定：

1 本部门计算机和自动化设备应只允许内部指定人员进行操作。

2 机主或自动化设备责任人对数据安全、保密应负有责任，非授权人员不应上机操作。

3 每次开机和使用移动存储介质前均应进行一次计算机病毒的查杀。

4 未安装防火墙的上网计算机，不应存储重要数据。

5 按文件类别分别建立目录和子目录，并应对重要数据进行加密管理。

6 计算机管理员应定期检查和备份电子记录。

3 实验室安全

3.1 一般规定

3.1.1 一旦发生安全事故，当事人或责任部门应及时采取相应措施，并应向实验室负责人进行汇报。

3.1.2 实验室无人工作时，除恒温实验室、培养箱和冰箱等需要连续供电的仪器设备外，应切断电、水、气源，关好门窗，确保安全。

3.1.3 实验室应保持门窗的锁、插销完好，重点部位应有防火、防盗、防爆、防破坏的基本设施和措施。

3.1.4 应加强实验室用水设施的日常维护和管理，应定期检查输水管路和排水管路，发现问题应及时处理，以减少耗损，杜绝隐患。

3.1.5 实验室应保持清洁整齐，实验结束后应及时打扫实验区卫生。

3.1.6 应定期进行实验室安全检查，安全检查内容可参见附录 A 表 A.1。

3.2 压缩气体

3.2.1 实验室常用压缩气体的基本特性及分类应符合 GB 16163 的有关要求。

3.2.2 气瓶的存放可遵循下列要求：

1 气瓶应贮存在专用气瓶间或气瓶柜中。

2 气瓶应贮存在阴凉通风处，远离热源、火种，防止日光曝晒，气瓶周围不应堆放任何可燃物品。

3 气瓶在使用过程中应竖直摆放并加以固定。

4 氧气瓶、可燃性气体气瓶与明火的距离一般应大于 10 m；在采取可靠的防护措施后，距离可适当缩短。

5 应定期对气瓶间进行安全检查，安全检查内容可参照附录 A 表 A.2。

3.2.3 气瓶的使用宜遵循下列要求：

1 气瓶入库验收应检查包装，确保无明显外伤、无漏气现象，严禁使用超过使用期限的气瓶。

2 气瓶应定期进行检验，如在使用过程中发现有严重腐蚀、损坏或对其安全可靠性有怀疑时，应提前进行检验。

3 气瓶内气体不应全部用尽，气瓶内宜留有余压，其中，惰性气体气瓶内剩余 0.05 MPa 以上压力的气体；可燃性气体气瓶内剩余 0.2 MPa 以上压力的气体；氢气气瓶内剩余 2.0 MPa 以上压力的气体。

4 气瓶应按类别正确选用减压器，安装时螺扣应旋紧，防止泄漏；开、关减压器和开关阀时，动作应缓慢；使用时应先旋动开关阀，后开减压器；用完，应先关闭开关阀，放尽余气后，再关减压器；不应只关减压器，不关开关阀。

5 对于装氧化性气体的气瓶，其阀门、调节器或软管不应沾染油脂。

6 在使用氢气的地方，严禁烟火、严防泄漏，用后应及时关闭总阀。

7 氢气瓶和氧气瓶不应同存一处。

3.2.4 搬运气瓶可遵循下列要求：

1 搬运气瓶时，可用特制的担架或小推车，也可用手平抬或垂直转动。但不应用手执开关阀移动。

2 应轻装轻卸，严禁碰撞、抛掷或横倒在地上滚动。

3 搬运时应防止气瓶安全帽跌落。

4 搬运氧气瓶时，工作服和装卸工具不应沾有油污。

3.3 仪器设备

3.3.1 涉及操作安全的仪器设备，应建立安全操作规程，操作人员应严格遵守。

3.3.2 安装新仪器设备之前应详读说明书，应确保新设备的电压、电流、环境等符合有关安全规定。

3.3.3 仪器设备使用时应满足以下安全要求：

1 应安装符合规格的地线。

2 必要时应安装电源滤波器，以消除各种仪器运转引入的高频电流。

3 不应使用情况不明的电源。

4 实验完毕后，应对仪器的安全状态进行检查。

5 应建立仪器设备档案，包括仪器管理记录、维护记录和事故记录。

3.4 玻璃器皿

3.4.1 使用及储存玻璃器皿时应加倍小心。

3.4.2 液体加热时应使用耐热的玻璃器皿。

3.4.3 玻璃器皿的使用及处理应符合以下安全要求：

1 在搬动大容量玻璃瓶时，应使用手推车或特制的设备运载。

2 开启紧闭的玻璃瓶塞时，应先将玻璃瓶放在水槽或托盘内，然后轻敲瓶塞或在瓶颈处稍微加热，以开启瓶塞。

3 截断玻璃管或玻璃棒时，应先用布块保护手部之后方可进行。

4 锋利的玻璃截口处应以火烧熔，使其圆滑。

5 玻璃管插入木塞或橡胶塞时，不应将管口指向掌心。

6 如玻璃管紧塞在木塞内，不应强行拉拔，而应切开木塞取出。

3.4.4 破裂的玻璃器皿的处理方法宜符合下列要求：

1 不应使用有裂痕或边缘破损的玻璃器皿。

2 宜使用钳子夹起并丢弃玻璃碎片。

3 玻璃碎片宜弃置于指定的金属容器或胶箱中。

4 化学品安全

4.1 分类及标志

4.1.1 化学品包括各类化学单质、化合物和混合物。水环境监测实验室新购入的化学品应按 GB 13690 的规定进行危险性分类。

4.1.2 常用化学危险品危险特性和类别标志分为主标志 16 种和副标志 11 种。当一种化学危险品具有一种以上的危险性时，应用主标志表示主要危险性类别，并用副标志来表示重要的其他的危险性类别。具体分类及图形可参见 GB 13690。

4.2 使用

4.2.1 化学品的使用应符合以下规定：

1 应保证新购入化学品的标签内容符合 GB 15258 的规定。

2 实验室化学品和配制好的溶液，应贴有标签标明其主要信息。

3 分装或使用完化学品后应立即将容器盖盖紧，防止倾覆、挥发、散落、吸潮等。

4 无标签、过期、变质等化学品或溶液，一经发现应按废品处理。

4.2.2 使用化学品的实验室工作人员，应熟悉各种化学品的接触途径和安全防范知识，应能正确使用各种个人安全防护用品和实验设施，并应采用以下防护措施：

1 工作时应穿工作服并佩戴防护手套，防止化学品通过皮肤进入体内，工作完毕应立即洗手。

2 如遇有小伤口时，应妥善包扎并佩戴手套后方能工作；伤口较大时，应停止工作。

3 实验中煮沸、烘干、蒸发等均应在通风橱中进行操作，以防止化学品由呼吸系统进入体内。

4.2.3 可燃/易燃品的存放与使用应符合以下规定：

1 存放可燃性物质的容器或橱柜应远离起火源，或置于专为存放可燃性物质的房间内。

2 自燃物品应在惰性环境中使用和存放。

3 工作区内应装备合适的灭火装置或喷水消防系统。

4.2.4 腐蚀品的存放与使用应符合以下规定：

1 存放或处理腐蚀性物质用的容器或仪器应具备抗腐蚀性。

2 使用腐蚀性物质时，应正确使用防护眼罩、橡胶手套、面罩、橡胶围裙、橡胶鞋等。

3 当用水稀释浓硫酸时，应缓慢地将浓硫酸倒入水中，并加以搅拌，不应向浓硫酸中加水。

4 经常使用腐蚀性物质处应备有常用急救药品及喷淋水龙头。

5 腐蚀性物质误入眼内或接触皮肤，应立即用凉水冲洗 15 min，并进行医治。

4.2.5 氧化剂的使用应符合以下规定：

1 使用氧化剂时，实验区内不应有引发强烈氧化反应的其他物质存在。

2 使用反应比较剧烈或有可能引发爆炸的强氧化剂时，应使用安全罩或采取其他措施进行隔离操作。

4.2.6 可形成过氧化物的物质使用应符合以下规定：

1 熟悉可能存在过氧化物的化学品，并应按相应的操作规程谨慎使用。

2 使用前应核查化学试剂的有效使用日期，不应使用超过推荐使用日期的化学试剂。

3 不应使用瓶盖周围有明显固态颗粒的试剂。

4 使用和存储大量可形成过氧化物的物质时，应定期进行化学试验以检查试剂是否形成过氧化物。

4.2.7 光敏性物质应置于棕色瓶中，存放在阴凉、暗处或置于可减少光穿透的其他容器中。

4.2.8 不稳定物质的使用应符合以下规定：

1 应熟悉不稳定物质使用的操作规程，使用中应避免发生撞击。

2 当怀疑或发现不稳定物质异常时，应立即采取隔离措施。

3 使用前应检查容器上标明的收到及开封日期，不应使用超过推荐使用日期的试剂。

4 一旦发生爆炸，应首先设法隔离爆炸源。

4.2.9 制冷剂的使用与防护应符合以下规定：

1 仪器设备应保持清洁，特别是工作中使用液态氧时。

2 应严格控制气体或流体的混合比，防止形成可燃性或爆炸性物质。

3 盛装制冷剂的容器或系统应有缓冲压力装置。

4 盛装制冷剂的容器或系统应有足够的强度，确保其承受相当低的温度而不脆裂。

5 工作中应采取以下防护措施：

1）应佩戴有边罩的安全罩或面罩。

2）当使用的制冷剂可能溢出或喷溅时，应使用可盖住整个面部的保护罩、不渗透的围裙或罩衣、橡胶裤及高帮鞋等防护设施。

3）操作时不应戴手表、戒指及其他首饰。

4）使用的防护手套应不漏气且足够宽松，以便在制冷剂喷溅时能迅速脱下。

4.2.10 放射性物质的使用与防护应符合以下规定：

1 应建立放射性物质使用安全操作规程，使用人员上岗前应经专业培训、持证上岗。

2 应采取相应的安全防护措施和配备防护器具。

3 应建立放射性物质使用记录，记录内容应包括使用人员、使用时间、使用范围、用量、操作运转情况、产生废弃物的种类与数量等。

4 在操作时，应利用各种夹具，增大接触距离，减少被辐射量。

5 在操作中，应减少被辐射的时间，不得在有放射性物质（特别是 β 体、γ 体）附近长时间停留。

6 使用过的器具、防护用品、废弃物和放射性物质的试剂等应存放在专门指定的位置，不应随意堆放和处置。

4.2.11 发生汞溅落时，可参照以下方式进行处理：

1 打碎压力计、温度计及极谱分析操作不慎，将金属汞洒落时，可将真空捕集管套在玻璃滴管上，以拾取洒落的汞滴，不应使用吸尘器。

2 洒落的小汞滴可采用以下化学物质之一进行处理：

1）多硫化钠水溶液。

2）硫粉。

3）金属银的化合物。

4.3 贮存

4.3.1 化学品应集中贮存，存放场所应按照国家有关安全规定，设置相应的通风、防潮、遮光、防火、防盗等设施。

4.3.2 化学品存放应做到分类科学、定橱定位、加贴橱标。

4.3.3 化学品应指定专人保管，建立入、出库台账。

4.3.4 剧毒物品和放射性物品应分别存放在保险柜或有号码锁的铁皮柜内，双人双锁共同管理。领用应经主管领导批准，未用完的剧毒品和放射性物品应及时收回，出、入库的数量应准确记录。

4.3.5 购买化学品以能满足实验室需要的最小量为原则，实验台或工作间内摆放的化学品应保持最少量。

4.3.6 常用化学危险品出、入库及贮存应按 GB 15603 的要求执行。

4.3.7 贮存区应定期进行安全检查，检查内容可参见附录 A 表 A.3。

4.4 搬运

4.4.1 搬运化学品应轻拿轻放，防止撞击、摩擦、碰摔、震动，避免坠地或溅射。

4.4.2 搬运化学品前应将容器或包装袋密封，以防搬运过程中发生倾覆、泄漏等。

4.4.3 人工搬运时一次只应搬运适当重量的物品，大件或大量物品应使用小车搬运，但要注意适当的堆放高度，并应有防散落、倾覆措施。

4.4.4 购买和运输易燃、易爆、剧毒、放射性等危险品应严格执行公安机关及有关部门的安全规定。

4.5 废弃物处理

4.5.1 实验过程中产生的废气、废液、固体废弃物称为实验室“三废”，实验废弃物应依其性质进行分类收集和处理。

4.5.2 废气的处理可按以下方法进行：

1 实验室废气可通过装有废气处理的排风设备处理后排出室外。

2 如遇偶然废气泄漏时，应加大排风设备的排风量，并应立即打开实验室门窗。

4.5.3 废液的贮存和处理应符合以下要求：

1 废液应使用密闭式容器收集贮存，不应使用玻璃器具、烧杯、长颈瓶等长期存放废物。

2 贮存容器不应与废液发生化学反应，一般为高密度聚乙烯桶（HDPE 桶）用于无机类废液贮存；不锈钢桶、搪瓷桶和玻璃容器用于有机废液贮存。

3 不应将互为禁忌的化学物质混装于同一废物回收容器内，废液可按以下类别分开存放：

1）有机废液（卤素类）。

2）有机废液（非卤素类）。

3）汞、氰、砷类废液。

4）无机酸及一般无机盐类废液。

5）碱类及一般无机盐类废液。

6）重金属类废液。

4 贮存容器上应注明废弃物种类，并应附有《实验室废弃物倾倒记录表》，登录废弃物主要成分、数量和处理情况等信息。

5 废液应适当处理，pH 在 6.5～8.5，且不存在可燃、腐蚀、有毒和放射性等危害时，可排入下水道。

4.5.4 实验中出现的固体废弃物不应随便置放；可释放有毒气体或可自燃的固体废弃物不应丢进废物箱内或排进下水管道中；碎玻璃和锐利固体废弃物不应丢进废纸篓内，宜收集于特殊废品箱内集中处理。

4.5.5 放射性废物应单独收集存放，不应混于一般实验室废弃物中。

4.5.6 生物检验样本、培养基以及所使用的玻璃器皿均应经高压灭菌或煮沸消毒后再清理或清洗。

4.5.7 报废及过期化学品可使用原盛装容器暂存。

4.5.8 贮存容器如发生严重生锈、损坏或泄漏等情况时，应立即更换。

4.5.9 毒害性废物在实验室的存放期不宜超过半年。

4.5.10 实验室应制定详细的废弃物转移程序，并应将废弃物移交至经环境保护行政主管部门认可、持有危险废物经营许可证的单位统一处理。

4.6 控制措施

4.6.1 存在下列情况之一，应采取控制措施：

1 工作人员使用危险化学品。

2 工作人员接触暴露量超过造成危害的限制值。

3 有新化学物质生成或操作程序有变化。

4 可能影响工作人员身体健康的其他情况。

4.6.2 实验室应采取以下控制措施，减少工作人员接触危险化学品：

1 应采取定期轮班轮岗等措施，减少工作人员接触危险化学品的时间。

2 应采用通风橱或安全通风口等工程控制措施，移走或降低工作环境中有害物质的浓度。

3 应采取个人防护措施，配备如手套和实验服等，避免工作人员直接接触有害物质。

4 应采用代用品措施，用危害小的化学品代替危害大的化学品。

5 应改变处理手段和处理方式措施，降低工作中的接触危害程度。

6 应采用屏蔽及污染监控设备等措施，控制和监控特定情况下的接触污染状况。

5 安全防护设施

5.1 一般规定

5.1.1 为避免实验室工作人员直接接触危险化学品，实验室应合理配置实验室安全设施和个人防护用品，专人保管，定期检修，使之保持完好状态。

5.1.2 实验室安全设施主要应包括通风设施、冲洗眼部设施、防喷溅工具箱、安全挡板和灭火设施等。

5.1.3 个人防护用品主要应包括眼睛和面部的防护用具，手和足部的防护用品，以及具有防御化学腐蚀和放射性性能的防护工作服。

5.1.4 实验室应配备急救医药箱，以及供划伤、擦伤和烧伤的包扎药物。

5.1.5 实验室工作人员应熟悉各种化学品的接触途径，并应正确使用各种安全防护设施和设备以及个人防护用品。

5.1.6 在处理或使用化学物品后，应清洗手部，避免不必要的危害或伤害。

5.1.7 严格遵守操作规程，不应出现直接闻危险化学品以及用嘴吸移液管等操作。

5.2 安全设施

5.2.1 通风设施的使用与维护应符合以下规定：

1 水环境监测实验室应正确配备通风系统和通风橱等设施，有效地控制或消除实验过程中产生的有毒有害气体、高温、余湿等。通风系统应满足实验环境要求，具有足够的通、排风量和风速。

2 通风橱的使用应符合以下安全规定：

1）使用前，应检查通风系统是否处于正常运转状态。

2）置于通风橱中的实验器具距外壁的距离不应小于 15 cm，以保证容器不致磕碰通风橱吊窗；通风橱周围放置大型器具时，距基座的距离应大于 5 cm，以保证周围空气的通畅。

3）通风橱内台面上不应长期大量存放化学品。

4）通风橱内有可燃性气体或液体时，应禁止放置起火源。

5）煮沸液体或使用活性化学物质时，应放下吊窗遮挡泼溅物以保障安全。

6）不应将头伸入通风橱中操作。

7）不使用通风橱时，通风橱吊窗应处于关闭状态。

8）应使用适当的气流量测试仪（计）定期检查通风橱的排风效果，最小气流量不应小于 0.5 m/s。如果气流量不能满足要求，应立即进行检测或通知厂家进行维修。

5.2.2 冲洗眼部设施使用与维护应符合以下规定：

1 冲洗眼部设施应安放在实验室内工作人员使用方便且显著的位置。

2 冲洗眼部设施应能提供持续供应 15 min 以上的水量。

3 使用时，冲洗压力不应过大，冲洗距离应离眼球 3～5 mm，且不应直接冲洗在角膜上。

4 应定期检查和疏通冲洗眼部设施，冲洗眼部设施应每周清洗一次，每次清洗时间不应少于 5 min。

5.2.3 防喷溅工具箱应符合以下规定：

1 实验室中使用危险品应配备防喷溅工具箱，并应置于方便取用处。

2 防喷溅工具箱中主要应包括以下物品：

1）防喷溅护目镜。

2）防化学物质的手套。

3）塑料袋。

4）多化学物质吸附剂。

5）铲子。

5.2.4 安全挡板的配备与使用应符合以下规定：

1 每个实验室应配备一块以上的安全挡板。

2 在使用蒸馏、加压和真空等装置时，应使用安全挡板遮挡，防止发生意外时飞溅伤人。

3 安全挡板应保持清洁，若有损坏应立即更换。

5.3 个人防护措施

5.3.1 使用眼部防护用品时，应注意以下事项：

1 应根据接触的化学品和工作环境，正确选用眼部防护用品，或眼部防护结合呼吸防护用品使用。

2 在从事可能溅入人眼的实验、搬运或倾倒腐蚀性物质（如酸、碱等）和毒性液体时应佩戴防泼溅眼镜。

3 佩戴隐形眼镜的操作者，应佩戴有校正透镜的安全护目镜。

4 使用产生紫外线辐射的设备工作时，应佩戴可过滤紫外线的眼罩。

5.3.2 面部防护应注意以下事项：

1 使用危险化学品，特别是有爆炸或高能化学反应的危险化学品时，应佩戴面罩对整个脸部进行保护。

2 在从事存在爆炸或颗粒溅射危险的工作时，应对颈部进行保护。

3 在有害蒸气浓度较高、微细分散粉尘存在的环境下工作时，应佩戴局部呼吸保护装置。

4 如果职业接触限值超过允许接触限值，或吸入物有危害，应根据 GB/T 18664 推荐的程序使用合适类型的呼吸防护用品。

5.3.3 手部防护宜注意以下事项：

1 使用腐蚀性或有毒化学药品时，应针对物质的种类选择使用合适的防护手套。

2 如果实验过程中可能产生泼溅物，为防止伤害皮肤，应使用橡胶或塑料制手套。

3 如果实验操作可能造成皮肤机械损伤，宜使用皮革制或毛纺织的劳保手套。

4 防护手套的使用宜注意以下事项：

1）应查阅厂家说明书，以获得关于防护手套老化、渗漏及渗透时间的信息。

2）所有类型的防护手套均为可渗透的，应根据所接触物质的强度、浓度以及手套材料、厚度和渗透时间正确选用防护手套。

3）脱去手套之前，宜反复进行冲洗，并注意在空气中自然晾干。

4）一经褪色或出现其他破损迹象时应及时更换。

5.3.4 皮肤及身体的保护应注意以下事项：

1 实验全过程应穿实验服。

2 工作中使用伤害性或腐蚀性化学品时，不应穿露脚面的鞋和短裤等。

3 接触强酸及酸性气体、有机物质、强氧化剂、致癌物质及诱变剂时，应使用特定的不渗透的橡胶手套、围裙、水靴及连裤工作服等保护设施以防止伤害皮肤。

4 沾染化学药品的实验服或工作服不应带回家中并与家庭衣物共同清洗。

5.4 急救

5.4.1 发生割伤时，应立即用双氧水、生理盐水或75%酒精冲洗伤口，待仔细检查确认没有异物后方可用止血粉、消炎粉等药物处理伤口。

5.4.2 发生休克时，应使患者平卧，抬起双脚，解开衣扣，注意保温；如果呼吸微弱或停止时，可施行人工呼吸或输氧，同时应联系急救车迅速送医院治疗。

5.4.3 烧伤和灼伤可按以下方法进行急救：

1 一度症状为皮肤红痛、浮肿。应立即用大量清水洗净烧伤处，然后涂抹烧伤药物。

2 二度症状为起水泡。应立即用无菌绷带缠好，并马上就医。

3 三度症状为坏疽，皮肤呈现棕色或黑色，有时呈白色。应立即用无菌绷带缠好，并马上就医。

4 常见的化学烧伤和急救法见表5.4.3。

表5.4.3 常见的化学烧伤和急救法

化学名称	急救法
碱类（钾、钠等）	先用大量清水冲洗，后用2%醋酸冲洗
酸类（三强酸）	先用大量清水冲洗，后用2%小苏打液冲洗
氢氟酸	同酸类处理后，再涂抹甘油：氧化镁（2∶1）制的糊剂；也可用冷的饱和硫酸镁溶液冲洗、包好
磷	用2%硫酸铜湿敷
溴	用浓氨水∶松节油∶酒精（1∶1∶1）的混合液冲洗
苯酚	用20%酒精∶1 mol/L氯化铁（4∶1）的混合液冲洗

5.4.4 急性化学中毒可进行以下抢救：

1 吸入化学品后，应立即将中毒人员转移到空气新鲜处；如呼吸停止，应进行人工呼吸，尽快就医。

2 误食化学品后，应立即漱口、催吐，并尽快就医。

3 可使用鸡蛋、牛奶等解毒剂，中和或改变毒物的化学成分，从而减轻毒物对人体的损害作用。

5.4.5 发生剧毒性、可燃性或不确定性物质喷溅以及喷溅物多于 1 L 时，应立即采取处置措施和实施救助。

1 处置措施应遵循以下原则：

1）应尽快撤走喷溅处的人员，并应提醒附近人员注意喷溅物。

2）应迅速移走所在场所的起火源，并应切断工作仪器的电源。

3）应打开通风设备，并应加大排风量。

4）当事故的危害和影响范围有可能扩大时，应撤离该区域的所有人员。

2 受伤人员救助宜采用以下急救方法：

1）应将受伤人员从喷溅区转移至通风处。

2）出血处应用冷水冲洗至少 15 min，对一些能和水发生反应的物质，应先用棉花或纸吸除后，再用清水冲洗。

3）不宜使用润肤霜、乳液等类似物品。

4）若喷溅物进入眼睛，应立即带领受伤人员至冲洗眼部设施处，揭开眼睑，冲洗眼睛不宜少于 15 min。若持续疼痛或有畏光现象，应到医院检查角膜受损情况。

6 用电安全

6.1 一般规定

6.1.1 电气设施如开关、插座插头及接线板等应使用合格产品。

6.1.2 应经常对电器设备、线路进行检查，发现老化、破损、绝缘不良等不安全情况，应及时维修。

6.1.3 所有固定的仪器设备均应接地。

6.1.4 烘箱、电炉、马弗炉、搅拌器、电加热器、电力驱动冷却水系统等不应无人值守过夜工作。使用电炉等明火加热器时，使用人员不应远离工作现场。

6.1.5 同一个插座不宜同时使用多台仪器设备。

6.1.6 需要对墙电进行维修、改造时，应由有专业资质的人员进行操作。

6.1.7 不应用手或导电物（如铁丝、钉子、别针等金属制品）去接触、探试电源插座内部；不应用潮湿的手、湿布触摸和擦拭带电工作的电器设备。

6.1.8 发现有人触电时应设法及时切断电源，或者用干燥的木棍等物将触电者与带电的电器分开，不应用手直接救人。

6.1.9 电线走火时，应立即切断电源，不应直接泼水灭火。

6.1.10 应确保手电筒或应急灯的开关触点灵敏可用。

6.2 短路和过载保护

6.2.1 实验设备和线路的安装应符合消防规定，不应随意加大保险丝，不应存在过载电路。

6.2.2 应选择适合所用电器类型的保护装置，如保险丝和电路开关等。

6.2.3 当插座处于潮湿位置时，应使用 0.2 mA 的地面漏电断流器。

6.3 延接电线

6.3.1 应选择合适规格的延长线和绝缘方式，使用过程中不应发烫或有异味产生。

6.3.2 延长线上有连接多孔插座时，应使用具保险丝安全装置或过载保护装置的产品。

6.3.3 使用延长线时，应注意不可将其捆绑。

6.3.4 长距离接设电线宜使用高频电线。

6.3.5 延接电线不可用作永久性线路。

6.4 断电

6.4.1 为防止突发的断电，应在实验室放置便携式手电筒或其他应急灯。

6.4.2 发生断电时，应立即启动应急灯，并应采取以下防范措施：

1 应封紧盛装易挥发性物质的容器盖子。

2 应降下通风橱的窗格。

3 应关闭所有断电前正在运行的仪器设备。

4 应关闭实验室的火源、水龙头、电闸。

5 应保护或隔离正在进行的反应（如电热板上沸腾的液体、蒸馏）。

6 因断电被迫中止的实验，应切断一切可能产生安全事故的隐患。

7 应从实验室外部锁好门。

7 消防安全

7.1 一般规定

7.1.1 各单位应配置消防器材和设施，设置消防安全标志，定期组织检验、维修，确保消防设施和器材完好。

7.1.2 消防器材和设施应配有专人维护和管理，任何人不应损坏和擅自挪用消防器材和设施；不应埋压和圈占室外消火栓；不应占用防火间距、堵塞消防通道。

7.1.3 过道、走廊和楼梯等安全出口应保持畅通，不应堆放任何材料和杂物堵塞安全出口。

7.1.4 实验室内不应吸烟。

7.1.5 各单位应开展职工消防知识普及教育，印发消防知识学习材料。

7.1.6 职工应掌握以下消防知识：

1 应能识别火灾危险性、熟悉预防措施和正确运用扑救方法。

2 应能正确使用消防器材，具有扑灭初期火灾的能力以及紧急情况下的撤离与报警。

7.2 烟感探头

7.2.1 实验室、化学药品间等工作场所均应安装烟感探头。烟感探头的使用与维护应符合以下规定：

1 应安装于工作场所天花板上的合适位置。

2 应按照制造商说明书，定期检查感应效果。

3 应保持清洁，并定期更换电池。

7.2.2 下列设备或作业环境正上方，不应直接安装烟感探头：

1 火焰原子吸收分光光度计、电感耦合等离子体光谱（质谱）仪。

2　酸浴或酸浸透作业环境。

3　产生粉尘和颗粒的作业环境。

4　其他可产生腐蚀性蒸气或湿气、粉尘等直接腐蚀和阻塞检测器的作业环境。

7.3　灭火器

7.3.1　办公室、实验室、药品库、车辆、船只及任何使用可燃液体或者火源的场所都应配备相应类型的灭火器材。

7.3.2　灭火器应置于方便取用处，并标记清晰。

7.3.3　置于室外或船/车中的灭火器，应注意防雨和避免失效；置于低温环境中的灭火器，应选择合适的种类。

7.3.4　灭火器种类的选择应与可能发生的起火类型相适应，实验室常见的着火类型、常用的灭火器种类和灭火方法，见表 7.3.4。

表 7.3.4　着火类型及灭火方法

类型	起火物质	灭火方法	禁用灭火方法
A	普通的物质如木材、布等	水或含水的泡沫液	—
B	可燃性液体	泡沫灭火器、化学干粉灭火器	—
C	以上物质有电源接触时	化学干粉、二氧化碳、四氯化碳	水、泡沫
D	可燃性金属物质	干冰、干的盐（钠或钾）、干的石墨（锂）	水、泡沫、二氧化碳

7.3.5　使用灭火器应注意以下事项：

1　使用前应迅速查清起火部位、着火物质及其来源，及时准确地切断电源及各种热源。

2　应对火焰底部进行扫动喷射。

3　在室外使用时，应注意站在上风向喷射，并随着射程缩短，应逐渐接近燃烧区，以提高灭火效率。

4　若使用灭火器无法扑灭火焰，应立即呼叫消防部门。

5　离开现场前，应保证火焰已全部扑灭。

7.4　其他灭火设施

7.4.1　每个实验室至少应备有一张灭火毯，并置于容易取用的地方。

7.4.2　每个实验室应备有防火沙，用于扑灭由金属（钠、锌粉、镁等）及磷所引起的小火。沙桶内应置一个铲子，以供取用防火沙。

7.4.3　化学品特别是易燃易爆品存放区应安装消防水龙头，消防水龙头位置距使用或存放处不宜过远和存有障碍物。

7.4.4　消防水龙头应定期检查和疏通。

7.5　应急方案

7.5.1　紧急情况发生时，实验室工作人员应熟知实验室内水、电、气的阀门和灭火设备的位置以及安全出口位置。

7.5.2　实验室发生火灾时，工作人员应采取以下灭火措施和疏散方法：

1　电器或气瓶爆炸引起火灾时，应立即切断电源、气源开关，并迅速移走周围的可燃物品，不应使用水和泡沫灭火器。

2　应设法隔绝火源周围的空气，降低温度至低于可燃物的着火点。

3　如果工作人员身上着火，不应奔跑，应设法脱掉衣服或卧地打滚，将身上火苗压灭；就近用水或灭火器，直接喷向身上灭火。

4　根据火势的大小采取有效措施及时扑灭火焰。火势较小时，可用湿抹布等灭火；火势较大时，则应根据燃烧物的性质，使用不同方法和灭火器灭火。

5　当火势难以自行控制时，应立即拨通火警“119”报警，同时组织人员尽快撤离现场。

6　工作人员应按照疏散指示灯和安全出口灯指示的方向进行疏散；当安全指示灯方向和火灾方向相同时，应向相反方向疏散。

8　野外采样及测量安全

8.1.1　每次外出采样前，应收集目的地的天气情报，了解样品采集水域的情况，并应分析可能发生的危险。

8.1.2　野外作业应有两人以上同时进行。

8.1.3　野外作业时，应注意有无自然危险或人为危险，如有毒化学物质、有害植物、危险动物、昆虫及踩绊危险等；必要时，应采取有效措施避免吸入有毒气体，防止通过口腔和皮肤吸收有毒物质和病原微生物。

8.1.4　用酸或碱保存水样时，应戴上手套和保护镜，穿上实验服。酸碱保存剂在运输期间应妥善贮存，防止溢出；当发现有溢出时，应立即用大量的水冲洗稀释或用化学物质中和。

8.1.5　在大面积水体上采样、测量时，应穿救生衣作业。

8.1.6　河流涉水作业时，作业前应用探深杆对水深进行探测，水深和水下地形不明时不应涉水作业。

8.1.7　在冰层覆盖的水体上作业前，应预先检查薄冰层的位置和范围，做好标识；行走和作业时应有专人进行监视工作，防止作业人员发生危险。

8.1.8　在桥上采样和测量时，应在人行道上作业；因作业干扰交通时，应提前与地方交通部门协商并应在桥上设置“有人作业”的显示标志；在通航河流的桥上作业时，应注意来往航行船只。

8.1.9　使用缆道采样时，应全面检查梯子、平台、通道及护栏等处，检查电缆、拉索、铰钉、缆车和塔台等有无过度磨损、破坏或其他损坏情况，可参见附表 A.4。

8.1.10　船上作业出航前应预先检查船只和设备，船只安全检查内容可按附表 A.5 执行。上艇人员应加强安全意识，工作艇航行、作业过程中，应严格遵守“内河避碰规则”及有关安全航行的规章制度。

8.1.11　驾驶水质移动监测车进行野外作业，出车前应对车辆进行安全检查，机动车辆常规安全检查内容可参见附表 A.6。

8.1.12　应定期对水文站和水质自动监测站进行安全检查，安全检查内容可参见附表 A.7。

8.1.13　对监测船、移动监测车、水质自动监测站中的水、电、气、火、分析仪器、化学药品以及个人安全防护等方面安全检查的具体内容可参照实验室安全检查内容进行。

附录A 安全检查表

表 A.1 实验室安全检查表

常规检查
（1）全体人员是否接受过实验室安全、卫生培训？
（2）实验室是否存放食物和饮料？
（3）走廊及过道是否清洁整齐？
（4）实验室工作环境中的有害物质浓度是否超过允许接触限值？
（5）通风橱或其他通风、排风设施排放有害物质是否及时？通风是否充足？
有关电
（1）电器、插座、电线、电缆有无接头松动、磨损或绽裂？
（2）是否有延接电线？
（3）有无防止超负荷和短路的装置？
（4）是否正确接地？
消防
（1）放置的灭火器种类和数量是否与该场所最可能发生的起火类型相适应？
（2）灭火器是否置于方便取用处？标记是否清楚？是否可用？
（3）是否安装洒水灭火系统？
（4）是否安装烟感探头？
（5）过道、楼梯或走廊是否被放置物品占用？
个人防护用品
（1）按要求应佩戴防护用品的场所是否配备了面罩、防护眼镜、手套和防护服等？是否可用？
（2）在毒害性物质环境下工作时，有无适当的保护措施？
医疗和急救
（1）使用腐蚀品的地方是否配备喷淋器和洗眼器？有无正常维修计划确保其正常工作？
（2）毒害性物品使用场所，是否备有一定数量的应急解毒药物？
化学废物
（1）存放毒害性废物的容器是否贴有标注标签，并有封口盖？
（2）盛装毒害性废物的容器标签是否完整清楚？
（3）毒害性废物存放期是否超过规定期限？

表 A.2 气瓶间安全检查表

（1）贮存压缩气体时，是否按其种类分门别类？
（2）气瓶使用过程中是否竖直摆放并加以固定？
（3）是否靠近热源放置？有无明火？
（4）夏季是否有曝晒？
（5）压缩气体有无泄漏？

表 A.3　化学品贮存区安全检查表

常规检查
（1）化学品，特别是危险化学品是否依其禁忌性贴签分类存放？
（2）可燃液体贮存区是否张贴“禁止吸烟”标识？贮存容器是否合适？通风是否良好？
（3）通风系统是否进行了定期检查？
（4）过道是否堆放杂物？
（5）放置的灭火器是否合适？
（6）是否安装烟感探头和应急水龙头？是否可用？
（7）是否提供面罩、防护眼镜、手套和防护服等个人防护用品？
（8）是否有近期出入库清单？
化学药品的存放及处理
（1）有无破损容器存在？
（2）所有盛装化学药品的容器是否带有标签？
（3）可形成过氧化物的试剂是否注明收到和开封日期？
（4）可形成过氧化物的试剂，超过保质期后是否进行测试或丢弃不用？
（5）可燃品是否远离热源、火源、明火焰存放？
（6）腐蚀性药品存放位置是否离地过高？
（7）可燃/易燃液体存放总量有无超过规定限值？
（8）是否存在可燃性气体？
（9）是否存在毒性气体？

附录4 水环境监测原始记录表

______________水环境监测中心野外采样原始记录表

施测号数：　　　　　　　　　　　　　　　　　　　　　　　　　　　　共　　页 第　　页

<table>
<tr><td colspan="4">水系：</td><td colspan="4">河名：</td><td colspan="5">采样断面：</td><td colspan="4">测站编码：</td></tr>
<tr><td colspan="5">采样日期：　　年　　月　　日</td><td colspan="6">采样方法：船只采样</td><td colspan="6">采样工具：横式与竖式采样器</td></tr>
<tr><td colspan="3">天气情况：</td><td colspan="2">风力：</td><td colspan="3">风向：</td><td colspan="2">气温：　℃</td><td colspan="3">水位：　　m</td><td colspan="4">流量：　　m^3/s</td></tr>
<tr><td rowspan="3">采样时间</td><td rowspan="3">垂线位置/m</td><td rowspan="3">垂线水深/m</td><td rowspan="3">测点编号</td><td rowspan="3">水温/℃</td><td colspan="11">样 品 编 号 及 加 保 存 剂</td><td rowspan="3">现场测定项目</td></tr>
<tr><td rowspan="2">硫酸</td><td rowspan="2">硝酸</td><td rowspan="2">氢氧化钠</td><td rowspan="2">碱性碘化钾硫酸锰</td><td rowspan="2"></td><td colspan="6">未加保存剂 水样编号</td></tr>
<tr><td>SS</td><td>BOD_5</td><td>常规类</td><td>细菌类</td><td>石油类</td><td>有机类</td></tr>
<tr><td></td><td></td><td></td><td></td><td></td><td></td><td></td><td></td><td></td><td></td><td></td><td></td><td></td><td></td><td></td><td></td><td></td></tr>
<tr><td></td><td></td><td></td><td></td><td></td><td></td><td></td><td></td><td></td><td></td><td></td><td></td><td></td><td></td><td></td><td></td><td></td></tr>
<tr><td></td><td></td><td></td><td></td><td></td><td></td><td></td><td></td><td></td><td></td><td></td><td></td><td></td><td></td><td></td><td></td><td></td></tr>
<tr><td></td><td></td><td></td><td></td><td></td><td></td><td></td><td></td><td></td><td></td><td></td><td></td><td></td><td></td><td></td><td></td><td></td></tr>
<tr><td></td><td></td><td></td><td></td><td></td><td></td><td></td><td></td><td></td><td></td><td></td><td></td><td></td><td></td><td></td><td></td><td></td></tr>
<tr><td></td><td></td><td></td><td></td><td></td><td></td><td></td><td></td><td></td><td></td><td></td><td></td><td></td><td></td><td></td><td></td><td></td></tr>
<tr><td></td><td></td><td></td><td></td><td></td><td></td><td></td><td></td><td></td><td></td><td></td><td></td><td></td><td></td><td></td><td></td><td></td></tr>
<tr><td></td><td></td><td></td><td></td><td></td><td></td><td></td><td></td><td></td><td></td><td></td><td></td><td></td><td></td><td></td><td></td><td></td></tr>
<tr><td></td><td></td><td></td><td></td><td></td><td></td><td></td><td></td><td></td><td></td><td></td><td></td><td></td><td></td><td></td><td></td><td></td></tr>
<tr><td></td><td></td><td></td><td></td><td></td><td></td><td></td><td></td><td></td><td></td><td></td><td></td><td></td><td></td><td></td><td></td><td></td></tr>
<tr><td></td><td></td><td></td><td></td><td></td><td></td><td></td><td></td><td></td><td></td><td></td><td></td><td></td><td></td><td></td><td></td><td></td></tr>
<tr><td></td><td></td><td></td><td></td><td></td><td></td><td></td><td></td><td></td><td></td><td></td><td></td><td></td><td></td><td></td><td></td><td></td></tr>
<tr><td></td><td></td><td></td><td></td><td></td><td></td><td></td><td></td><td></td><td></td><td></td><td></td><td></td><td></td><td></td><td></td><td></td></tr>
<tr><td></td><td></td><td></td><td></td><td></td><td></td><td></td><td></td><td></td><td></td><td></td><td></td><td></td><td></td><td></td><td></td><td></td></tr>
<tr><td></td><td></td><td></td><td></td><td></td><td></td><td></td><td></td><td></td><td></td><td></td><td></td><td></td><td></td><td></td><td></td><td></td></tr>
<tr><td></td><td></td><td></td><td></td><td></td><td></td><td></td><td></td><td></td><td></td><td></td><td></td><td></td><td></td><td></td><td></td><td></td></tr>
<tr><td></td><td></td><td></td><td></td><td></td><td></td><td></td><td></td><td></td><td></td><td></td><td></td><td></td><td></td><td></td><td></td><td></td></tr>
<tr><td></td><td></td><td></td><td></td><td></td><td></td><td></td><td></td><td></td><td></td><td></td><td></td><td></td><td></td><td></td><td></td><td></td></tr>
<tr><td></td><td></td><td></td><td></td><td></td><td></td><td></td><td></td><td></td><td></td><td></td><td></td><td></td><td></td><td></td><td></td><td></td></tr>
<tr><td></td><td></td><td></td><td></td><td></td><td></td><td></td><td></td><td></td><td></td><td></td><td></td><td></td><td></td><td></td><td></td><td></td></tr>
<tr><td></td><td></td><td></td><td></td><td></td><td></td><td></td><td></td><td></td><td></td><td></td><td></td><td></td><td></td><td></td><td></td><td></td></tr>
<tr><td></td><td></td><td></td><td></td><td></td><td></td><td></td><td></td><td></td><td></td><td></td><td></td><td></td><td></td><td></td><td></td><td></td></tr>
<tr><td>水域状况现场描述</td><td colspan="16"></td></tr>
</table>

采样人：　　　　　　送样人：　　　　　　收样人：　　　　　　　　　　收样时间：　年　　月　　日

________水环境监测中心现场检测原始记录表

施测号数： 河名： 样品来源： 样品类型： 现场检测日期： 年 月 日

现场检测项目	分析方法	仪器名称	型号	仪器编号	测定范围	分度值

断面名称	测点编号	采样日期	现场检测结果						
备　注								气温/℃	
								天气状况	

检测： 月 日　　校核： 月 日　　审核： 月 日

________水环境监测中心样品交接单

送样单位		通信地址		送样人	
联系电话		送样日期		邮政编码	
采样地点		采样日期		样品总量	

序号	样品编号	样品类型	样品状态	盛样容器	检测项目	样品数量	备注

收样人： 年 月 日

______水环境监测中心检测任务通知单

委托单位			送样时间	年　月　日	
样品类别			采样地点		
检测标准					
序号	检　测　项　目	样品编号	样品数量	完成时间	接收人/日期
质控要求	①空白实验 ②平行实验 ③加标回收实验 ④质控样品				
备　注					

任务签发人：　　　　年　月　日

______水环境监测中心分析溶液配制原始记录表

配制日期	溶液名称	基本单元	测定项目	拟配溶液		原始试剂			实际体积/mL	实际浓度/( )	配制者	校核者	审核者
				浓度/( )	体积/mL	名称	试剂等级	用量/( )					
备　注													

__________水环境监测中心标准溶液标定原始记录表

标定日期	溶液名称	使用基准溶液（或试剂）						溶液用量/mL			标定误差/（mL或%）	标定浓度/（ ）	标定者	校核者	审核者
		配制日期	名称	浓度/（ ）	用量/（mL 或 g）										
					a_1	a_2	a	b_1	b_2	b					
备注															

__________水环境监测中心分析原始记录表

（pH、电导率、氧化还原电位）

施测号数： 河名： 样品来源： 样品类型： 分析日期： 年 月 日

项 目	分析方法	仪器名称	型 号	仪器编号	测定范围	分度值
pH						
电导率						
氧化还原电位						

样品序号	测点编号	采样日期	pH	电导率/（μS/cm）			氧化还原电位/mV		
				水温/℃	实测值	结果	水温/℃	实测值	结果
备注							室 温/℃		
							相对湿度/%		

分析计算： 月 日 校核： 月 日 审核： 月 日

______水环境监测中心容量法分析原始记录表

施测号数：　　河名：　　样品来源：　　样品类型：　　分析日期：　　年　月　日

分析项目：	分析方法：	采样日期：	滴定管规格：
标准溶液名称：	浓度：	标定日期：	滴定管颜色：
指示剂：	计算公式：		

样品序号	测点编号	取样体积/mL	用量/mL						含量/(mg/L)	相对偏差/回收率/%
			始点	终点	V	$\overline{V}$	V_0	$\overline{V}-V_0$		
备　注								室　温/℃		
								相对湿度/%		

分析计算：　　月　日　　校核：　　月　日　　审核：　　月　日

______水环境监测中心重量法分析原始记录表

施测号数：　　河名：　　样品来源：　　样品类型：　　分析日期：　　年　月　日

分析项目：		分析方法：
天平型号：	编号：	计算公式：

称量瓶号	样品序号	测点编号	采样日期	取样体积/mL	质量/g				测量结果/(mg/L)
					W_2	W_1	W	$\overline{W}$	
备　注							室　温/℃		
							相对湿度/%		

分析计算：　　月　日　　校核：　　月　日　　审核：　　月　日

______________水环境监测中心五日生化需氧量分析原始记录表

施测号数： 河名： 样品序号： 样品来源： 样品类型：

采样日期： 年 月 日 分析日期： 年 月 日

分析项目：五日生化需氧量			分析方法		滴定管规格：		滴定管颜色：		检出限：	
标液名称：					第 1 天标定日期：		标液浓度：			
					第 5 天标定日期：		标液浓度：			
指示剂：淀粉指示剂			计算公式：							
测点编号	稀释倍数	取样体积/mL	标准溶液用量/mL						BOD_5/（mg/L）	相对偏差/%
			第 1 天用量			第 5 天用量				
			V	V_0	V_1	V	V_0	V_5		
稀释液										
备注							室　温/℃			
							相对湿度/%			

分析计算： 月 日 校核： 月 日 审核： 月 日

______________水环境监测中心五日生化需氧量分析原始记录表

施测号数： 河名： 样品来源： 样品类型：

采样日期： 年 月 日 分析日期： 年 月 日

分析项目：五日生化需氧量			分析方法：		检出限：	
仪器名称：			仪器编号：			
计算公式：						
样品序号	测点编号	稀释倍数	溶解氧/（mg/L）		BOD_5/（mg/L）	相对偏差/%
			培养前（D_0）	培养 5 日后（D_5）		
备　注				室　温/℃		
				相对湿度/%		

分析计算： 月 日 校核： 月 日 审核： 月 日

______水环境监测中心标准曲线分析原始记录表

分析日期：　　年　　月　　日

分析项目：		分析方法：			标准曲线号：					
仪器名称：		仪器编号：			选用波长/nm：			比色皿规格/mm：		
标准溶液名称：		标准溶液浓度：　mg/L			配制日期：			定容体积：　mL		
编　号	0	1	2	3	4	5	6	7	8	9
标准溶液体积/mL										
标准系列浓度/（mg/L）										
E_1										
E_2										
E										
$E-E_0$										
直线方程（$Y=a+bX$）：										
相关系数 r=		a=			b=				t=	
备　注							室　温/℃			
							相对湿度/%			

分析计算：　月　日　　校核：　月　日　　审核：　月　日

______水环境监测中心分光光度法分析原始记录表

施测号数：　　河名：　　样品来源：　　样品类型：　　分析日期：　年　月　日

分析项目：				分析方法：			检出限：　mg/L			
标准溶液名称：				浓度：　mg/L			配制日期：			
仪器型号、名称：				编号：			选用波长/nm：			
比色皿规格/mm：			标准曲线号：				计算公式：			
样品序号	测点编号	采样日期	取样体积/mL	吸　光　度					含量/（mg/L）	相对偏差/回收率/%
				E_1	E_2	E	E_0	$E-E_0$		
备　注								室　温/℃		
								相对湿度/%		

分析计算：　月　日　　校核：　月　日　　审核：　月　日

______水环境监测中心紫外分光光度法标准曲线分析原始记录表

分析时间：　　年　月　日

分析项目：		分析方法：			标准曲线号：					
仪器名称：		仪器编号：			选用波长/nm：			比色皿规格/mm：		
标准溶液名称：		标准溶液浓度：　mg/L			配制日期：			定容体积：　mL		
编　号	0	1	2	3	4	5	6	7	8	9
标准溶液体积/mL										
标准系列浓度/（mg/L）										
E_1（220 nm）										
E_2（275 nm）										
E（E_1-2E_2）										
$E-E_0$										
直线方程（$Y=a+bX$）：										
相关系数 r=		a=				b=			t=	
备　注							室　温/℃			
							相对湿度/%			

分析计算：　月　日　　　　校核：　月　日　　　　审核：　月　日

______水环境监测中心紫外分光光度法分析原始记录表

施测号数：　　河名：　　样品来源：　　样品类型：　　分析日期：　年　月　日

分析项目：				分析方法：				检出限：　mg/L		
标准溶液名称：				浓度：　mg/L				配制日期：		
仪器型号、名称：				编号：				选用波长/nm：		
比色皿规格/mm：			标准曲线号：					计算公式：		
样品序号	测点编号	采样日期	取样体积/mL	吸光度					含量/（mg/L）	相对偏差/回收率/%
				E_1/nm	E_2/nm	E_1-2E_2	E_0	（E_1-2E_2）$-E_0$		
备　注								室　温/℃		
								相对湿度/%		

分析计算：　月　日　　　　校核：　月　日　　　　审核：　月　日

________水环境监测中心离子选择电极法标准曲线分析原始记录表

分析日期：　　年　月　日

分析项目：		分析方法：			标准曲线编号：					
仪器名称：		仪器编号：			仪器分辨率：　mV			检出限：　mg/L		
标准溶液名称：		标准溶液浓度：　mg/L			配制日期：　月　日			定容体积：　mL		
编号	0	1	2	3	4	5	6	7	8	9
标准溶液体积/mL										
标准系列含量/（mg/L）										
$\log C_{F^-}$										
E_1/mV										
E_2/mV										
$\overline{E}$ /mV										
直线方程（$y=bx+a$）		$y=$								
相关系数 $r=$			$b=$		$a=$			$t=$		
备　注								相对室温/℃		
								相对湿度/%		

分析计算：　　月　日　　　　校核：　　月　日　　　　审核：　　月　日

________水环境监测中心离子选择电极法分析原始记录表

施测号数：　　河名：　　样品来源：　　样品类型：　　分析日期：　　年　月　日

分析项目：				分析方法：			检出限：　mg/L			
标准溶液名称：				浓度：　mg/L			配制日期：　月　日			
仪器型号名称：				编号：			仪器分辨率：　mV			
定容体积 V_1：　mL		标准曲线号：				计算公式：$C=10\log C_{F^-}\times\frac{V_1}{V_2}$　(mg/L)				
样品序号	测点编号	采样日期	取样体积 V_2/mL	样品电位测定值/mV			含量计算		含量/（mg/L）	相对偏差/回收率/%
				E_1	E_2	$\overline{E}$	$\log C_{F^-}$	$10\log C_{F^-}$		
备　注	$\log C_{F^-}=(\overline{E}-a)/b$								室　温/℃	
									相对湿度/%	

分析计算：　　月　日　　　　校核：　　月　日　　　　审核：　　月　日

参考文献

[1] 崔树军．环境监测[M]．北京：中国环境科学出版社，2008．

[2] 黄忠臣．水环境分析实验与技术[M]．北京：中国水利水电出版社，2012．

[3] 李基明，陈求稳．边界河流水环境监测指标体系与断面布设优化[M]．北京：中国环境出版社，2013．

[4] 李倦生，王怀宇．环境监测实训[M]．北京：高等教育出版社，2009．

[5] 刘敬勇．环境监测实验[M]．广州：华南理工大学出版社，2012．

[6] 雒文生，李怀恩．水环境保护[M]．北京：中国水利水电出版社，2009．

[7] 石碧清．环境监测技能训练与考核教程[M]．北京：中国环境科学出版社，2011．

[8] 水环境监测实验室安全技术导则[M]．北京：中国水利水电出版社，2008

[9] 孙成．环境监测实验[M]．2 版．北京：科学出版社，2012．

[10] 王英健，杨永红．环境监测[M]．北京：化学工业出版社，2007．

[11] 肖长来，梁秀娟．水环境监测与评价[M]．北京：清华大学出版社，2008．

[12] 薛惠锋，程晓冰，乔长录，等．水资源与水环境系统工程[M]．北京：国防工业出版社，2008．

[13] 姚运先．水环境监测[M]．北京：化学工业出版社，2012．